美好城市愿景规划系列

亚洲绿色城市
正在崛起的绿色力量

［澳］彼得·纽曼　安妮·马坦　著

王量量　韩洁　译

中国建筑工业出版社

著作权合同登记图字：01—2015—7283号

图书在版编目（CIP）数据

亚洲绿色城市　正在崛起的绿色力量／（澳）彼得·纽曼，
安妮·马坦著；王量量，韩洁译. —北京：中国建筑工业出版
社，2019.6
（美好城市愿景规划系列）
书名原文：Green Urbanism in Asia : The Emerging Green Tigers
ISBN 978-7-112-23658-9

Ⅰ.①亚… Ⅱ.①彼… ②安… ③王… ④韩… Ⅲ.①生态城
市－城市规划－建筑设计－研究－亚洲 Ⅳ.①TU984.3

中国版本图书馆CIP数据核字（2019）第081487号

责任编辑：率　琦　姚丹宁
责任校对：王　瑞

美好城市愿景规划系列
亚洲绿色城市
正在崛起的绿色力量
［澳］彼得·纽曼　安妮·马坦　著
王量量　韩洁　译
　*
中国建筑工业出版社出版、发行（北京海淀三里河路9号）
各地新华书店、建筑书店经销
北京锋尚制版有限公司制版
北京建筑工业印刷厂印刷
　*
开本：787×1092毫米　1/16　印张：12¼　字数：235千字
2019年6月第一版　2019年6月第一次印刷
定价：48.00元
ISBN 978－7－112－23658－9
　　　（27444）

前言及致谢

　　绿色城市主义是一个概念，指的是城市用绿色革新改变并拯救世界的方式。绿色和城市并不总是很轻松地联系在一起。如今，城市必须为了人、环境和经济发展而变得更加绿色。对我们这个时代来说，这是一个最大的目标。为此，我们想探讨一下亚洲的城市——这些被看作当前世界经济引擎的城市是怎样实现绿色城市主义的。

　　本书受到弗吉尼亚大学蒂姆·比特利（Tim Beatley）教授的启发，可以与他之前撰写的《欧洲的绿色城市主义》以及《澳洲的绿色城市主义》构成一个系列。

　　本书的编撰完成得到了很多人的帮助，特别要指出的是新加坡国立大学城市设计硕士项目的研究生们，他们就像侦察兵一样探寻着亚洲绿色城市主义的发展。他们对于各自城市的深入观察都流露在本书的字里行间。我们希望本书能够概括出他们对于绿色城市未来的展望。

　　我们在这里衷心地感谢：王量量、韩洁、夏婉挪、王凯、陈虹、陈琼、Erlangaa Baskara、Imogen Udeshika Jayewardene、Tan Jia Hung、Lim Shu Ying、Rodeo Calliban、Marianne Pingkan、Raymond Tirtawidjaja、Laraine Macapagal、Ratna Octavia、Ujjwal Parekh、Rahim Hamid、Alia Nur、Arjun Rosha、Tan Yan Liang、Arizzky Magetsari、Dhanen Mohanadas、Desiree Lee、Pavithra Chandramohan、Nicholas Lourdes、Hemalatha Chandramohan、EdoAdrianus Kartono、BijBorja、Uraiwan Thaveeprungsiporn、Wutt Yee Khin、Amit Gupta、Carmichael Castillo、Emerson Ramos、Jennifer Fiona、Mehnaz Ahmed、Andre Yusak、Gaidhani Saurabh Laxmikant、Susanto Soenjoyo、Harvey Lukman、Irwin Konstantin Ponco、Rocky Yulianto Saputra、Rulyan Ali Parinduri、Fahry Adhitya、Tan Jia Yu Fiona、Wang Xinni（Faith）、Ankit Kumar Kamboj和Rakshada Rode。

彼得·纽曼和安妮·马坦
于科廷大学可持续发展政策研究中心

目录

- -

第5章　分布式城市

- -

第6章　生态城市

第7章　生态高效城市

第8章　基于场所的城市

- -

第9章　可持续交通城市

- -

第10章　总结：亚洲的城市会接管绿色城市主义的议程吗？

- -

参考文献

绪论

第1章

2011年2月，《亚洲如何影响世界：从富足世道到紧缺时代》一书在新加坡出版。作者约恩·厄斯托姆·默勒（Jorgen Oerstrom Moeller）是丹麦前任外交官，一直密切关注亚洲，并且意识到全球正在发生的巨大变化。在基于美国模式发展现代工业经济的情况下，作者相信资源紧缺的时代已经到来。他认为下个世纪将成为亚洲向世界阐述如何创建一种不同的世界经济的时代，这种经济会更加可持续，并基于"从个体到群体的生产率转移，生态生产率替代经济生产率，以及对亚洲传统价值的颠覆——比西方更少的物质享乐主义"。

本书主要研究这个正在变化的经济的首要标志。它聚焦于城市，因为增长和动态的变化在全球的城市发生，尤其在亚洲。现在正是描述这个新典范的时机，在它展现的时候，我们去寻找它的首要标志。

本书是一些故事的集锦，但用于评估可观测的这些变化影响的数据和趋势尚不可得。城市故事改变世界这一想法并不是新的，简·雅各布斯以前就提出，当世界经济相互模仿学习的时候，改革就发生了，并且一个更比一个做得好（Jacobs，1984）。当故事能燃起想象，并且让人以为未来更美好时，这样的故事就是有正能量的，尤其是关于希望的故事。这是彼得·纽曼写过的一些书以及与本书相关的其他书籍的基础（Beatley and Newman，2009；Newman and Kenworthy，1999；Newman et al.，2009）。

影响全球经济这一观点已经开始出现。世界气候变化、石油峰值、全球生物多样性递减、文化流失，以及农村人口涌入城市导致的城市住房和设施紧张，这些都是全球城市面临斗争的话题。我们不会细述这些问题，因为很多文献都已说明。我们要展现的是对于这些问题的理解以及迈向决议的第一步，至少要在形式上。

本书给人带来希望，这种希望来源于人类社会尤其是城市几百年来适应的改革浪潮。这种观点详见图1.1，其中展示了经济循环如何伴随这些浪潮的变动。阶段性经济衰落后改革浪潮如何发生，以及改革对接下来经济发展的影响。这些在纽曼等的著作中已经细致地概述了（2009）。

图1.1展示了经济发展的另一方面，即数字以及可持续性技术的结合。但是历史上并没有一次简单的技术变动使经济得以复苏并，经济发展总是与企业的开展方式以及城市形成、设计和管理的方式变化有关（见图框1.1）。

本书将首先介绍第六次浪潮中新城市的特征。有很多词汇都被用来形容这种新城市——"可持续发展城市"、"弹性城市"、"绿色城市化"，这些让人更容易理解。因此本书从第2章开始，将根据西方工业城市的经验来描述什么是绿色城市化。基于已经使用的七个特征，本书将展示亚洲已经发现的并且正在发生的趋势和故事。

图框1.1 经济波动，城市基础设施和城市形态

第一次城市浪潮是以马和马车为主的传统步行城市，同时，以水为动力的新工业开始沿河兴起。

然后，第二次城市浪潮沿着铁轨和蒸汽区迅速蔓延。欧洲保留了许多这样的带状城市，剩下的布局犹如一串珍珠的公交城市在美国和澳大利亚仍清晰可见。

以电力和内燃机为主导的第三次城市浪潮见证了布满电车轨道的城市主体，尤其是在城市迅速扩张的美国，例如有着世界上最发达电车轨道系统的洛杉矶。这些城市沿着电车轨道呈线性伸展。同时，最初的汽车和公交车也开始出现，尽管它们没有决定城市的形态。

接着是由廉价石油主导的第四次城市浪潮，使得城市可以朝各个方向延伸约50英里。这也就是至今还留给我们化石燃料尤其是石油短缺这个最大挑战的汽车型城市。

第五次IT和数字技术的浪潮没有过多地给城市塑形，除了将原有的以工业制造为中心的区域替换为以知识型工作为中心的区域，从而缩小了一些城市的扩张范围，使前几次浪潮中的工业区域得到更新。然而，石油驱动的汽车仍然在第五次浪潮中决定着城市的形态。

廉价石油时代的终结和资源开采率的激增在第六次城市浪潮中同时发生，这种生产率可以在2050年时使化石燃料减少50%~80%。这期间也诞生了一系列新的可持续技术，包括可再生、分散式、小规模用水、能量和垃圾系统（建立在第五次浪潮中成熟的智能操作系统），所有这些技术都更加本地化并且需要更少的化石燃料。

所有的一切都意味着城市可以更加多中心化。支撑着这种电力化和多中心化的交通运输系统应该是既可以通过新电气交通系统快速穿越城市，又可以用小规模的混合电力交通工具进行短途旅行，同时容纳在各种城市变形中保留下来的步行和自行车交通方式。在第六次生态技术的浪潮中，多中心化的中心和郊区建筑都需要被更新为以太阳能为基础的技术。

资料来源：Newman and Kenworthy，1999.

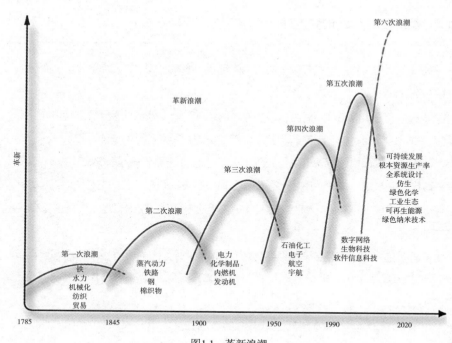

第六次浪潮

第五次浪潮

革新浪潮

第四次浪潮

第三次浪潮

第二次浪潮

第一次浪潮

铁
水力
机械化
纺织
贸易

蒸汽动力
铁路
钢
棉织物

电力
化学制品
内燃机
发动机

石油化工
电子
航空
宇航

数字网络
生物科技
软件信息科技

可持续发展
根本资源生产率
全系统设计
仿生
绿色化学
工业生态
可再生能源
绿色纳米技术

革新

1785   1845   1900   1950   1990   2020

图1.1 革新浪潮

资料来源：Hargroves and Smith，2005.

这个调查的深层问题是，亚洲城市是否将承担，其至继承这个绿色城市化的议程。据评估，在2030年前，城市人口将达到50亿，是全球人口数量的60%，这很大程度上是由亚洲地区的城市化引起的。预计到了2050年将有超过60%的世界城市人口居住在亚洲城市中。如果亚洲城市按照世界第四波模型发展，这将是一种威胁。但是如果参考第五波到第六波——绿色城市化时代的模型来建设城市，亚洲城市将会向全世界展示它们是如何做到的。经济合作发展组织和联合国环境规划署在过去几年里一直强调下一个经济议程就是绿色经济或绿色增长（OCED 2011a，2011b），又或是绿色城市化，就像是亚洲开发银行称的那样（2012）。这本书将会描述当城市融入了第五、第六波改革浪潮中后，会在这个新的议程中呈现什么样的样貌。亚洲的绿色城市化将会帮助改变这个紧缺时代的世界吗？

什么是绿色城市主义？

第2章

2.1 绿色城市主义

绿色城市通常被用来描述那些发达的、安全的、可持续的居住地。它们的发达性体现在它们适应并应用21世纪的新技术，它们的安全性体现在拥有的内置系统不仅可以长期使用而且可以应对突发事件，它们的可持续性体现在它们是解决重大可持续问题的重要组成部分，例如气候变化、石油峰值以及生物多样性锐减等。绿色城市的概念最早由比特利（Beatley，2000）提出，用来研究欧洲的一些示范城市，随后比特利和纽曼（Beatley and Newman，2009）又用相同的理念分析了澳大利亚的城市变革。不过这种思想还没有应用于亚洲城市的研究。

弹性城市与绿色城市主义秉持的许多理念是重合的，因此这本书将把纽曼（Newman et al.,2009）的理念用于探索弹性城市的主要特征是什么。在绿色城市主义应用于亚洲城市之前，通过对世界范围内城市案例的分析，人们已经列出了绿色城市的七大特征，并且以此来定义绿色城市主义的要点。

2.2 绿色城市主义革命

全球范围内，绿色城市主义的特征可以概括为七个要点，它们被描述为七大原型城市：

- 可再生能源城市
- 生物区碳中和型城市
- 分布式城市
- 光合作用城市
- 生态高效城市
- 场所感城市
- 可持续性交通城市

很明显，这些不同的城市类型在处理方法和结果上都有类似的地方，但是每一种类型也都提出了如何将城市变得更加"绿色"的方法或是观点。有一些城市在其中的一两个领域中处于领先地位，但是还没有一个城市能同时在七大领域都有突破。城市专家所面临的挑战就是如何制定一个目标，将上述途径结合起来，并且运用新技术、新的城市设计方法，同时还要基于社区进行革新。

2.2.1 可再生能源城市

现在有很多城市地区已经通过可再生能源技术与方法实现了部分由可再生能源

供电，大到区域，小到独栋建筑。可再生能源的使用减少了城市的生态足迹，而且如果生物燃料也能投入使用，可以说该城市的部分生态功能被激活了。

可再生能源可以而且应该在城市中生产，并且与土地使用和建筑形式融为一体，同时也构成了城市经济的重要元素。城市不再仅仅是简单的能源消耗者，更是可持续能源的催化剂，并将日益成为地球上太阳活动周期的重要组成部分。

虽然许多太阳能城市项目正在建设中，比如旧金山的金银岛（Treasure Island）项目，但目前世界上仍然没有一个大城市是完全由可再生能源提供动力的。在迈向可再生能源未来的过程中，从每个角落到整个市域范围，城市中各个层面都将更大程度地参与其中。

阿联酋的马斯达尔城是第一个100%使用可再生能源并且实现零汽车使用（理论上）的重要示范城市。它正在建设一个60兆瓦的太阳能光伏电站，以便为城市中的所有建筑提供动力，最终实现用一个130兆瓦的太阳能光伏电站持续供能，以及把一个20兆瓦的风电场和地热热泵用于建筑制冷。运行在高架上或地下的自动化电动豆荚车将是通勤地主要工具。马斯达尔城已经开始建设（Revkin，2008）。

西澳大利亚的北港码头（North Port Quay）是按照10000户家庭的容量设计的，并且通过太阳能光伏发电站、被称为风吊舱的小型风力涡轮机和附近的波浪发电系统实现100%可再生能源供电。该区域拥有电动公共交通和私人交通的全电动交通系统，所有交通工具通过车载电池连接到一个可再生能源的系统上；它将发展成为一个高密度且适合步行的区域。这个规划还要持续很多年，市民对这个理念的反应各持己见，毕竟这座城市长久以来都是以石化燃料为发展基础的，市民对这样的规划接受起来还是有一定困难的。

城市规划体系中，必须要建设太阳能与风能供电所需的基础设施，并具有为一个城市提供动力相对应的规模。虽然在市区附近为大型风电场选址一直存在争议[如被否决的马萨诸塞州科德角海岸（the coast of Cape Cod, Massachusetts）风电场的建议]，但是太阳能和风能利用仍然有很重要的机遇。研究也显示，就像光伏太阳能一样，风能供能设备可以与城市和它们的建筑物融为一体。

加拿大温哥华和新西兰克莱斯特彻奇（Christchurch）等城市已经利用水力发电几十年了。水电发展缓慢是由于大型水坝的影响，而地热发电似乎正在努力提供与一个基本负荷可再生能源相似的水平。

我们需要建立100%使用可再生能源的新型模范城市，但改造现有城市也同样重要。开普敦正在转型成为10%能源可再生型城市，阿德莱德打算在10年内通过建立四个大型风力发电场，实现可再生能源利用率从0%～20%的突破。在欧洲，弗赖堡和汉诺威已成为如何将可再生能源应用于城市规划的典范城市（City of Hannover，

1998; Scheurer and Newman，2008）。

瑞典的Vaxja已经开发出了基于本地的可再生能源战略，并且充分利用了周边的自然资源，那就是城市近郊主要发电厂周围繁茂的森林，发电厂原先是靠石油燃料发电的，现在几乎全部依靠来自木屑中的生物质，其中大部分是在该地区伐木产业的副产品。更具体地说，木材来源于树枝、树皮和树木顶冠，并且是在电厂半径100公里范围之内得到的。这个热电一体的工厂（山特维克二世电厂）满足了整个城市的供热需求，以及大部分供电需求。该热电厂使用生物质作为燃料，是这座城市实现零石油使用的关键因素。显然每个城市可以开发其本地可再生资源供给组合模式，但Vaxja的例子已经证明，它可以从一个石油供能系统过渡到完全使用可再生能源的系统，而不会失去其经济优势。的确，越早进行这样弹性开发的城市，越可能在石油资源减少的时代异军突起。

每个城市和地区都会有自己特殊的机遇与资源，所以都市景观应被视为太阳能利用设计和可再生能源项目的创意搭配试点，这样做将有助于创造更有弹性的城市。

未来最重要的生物燃料来源之一就是可集中在屋顶上种植的蓝藻。蓝藻是靠光合作用生存的，因此，它们需要的所有东西仅仅是阳光、水分和养分。蓝藻的产出速度比其他大多数生物质快10倍，所以可以持续栽植，也比较适用于生产生物燃料或小规模发电。最重要的是，城市的建筑都可以使用屋顶开发太阳能供自身使用，而不必像现在的许多城市，不仅需要远距离运输电力，还要承担运输途中的损耗。曾经有位绿色城市的倡导者这样说过——"每一个建筑屋顶都应该进行光合作用"，也就是说绿色屋顶可以用来丰富生物多样性，收集雨水，作为太阳能集热器或者种植生物燃料蓝藻。这可以成为由城市规划者提出的太阳能条例，并作为地方政府政策的一部分。

很少有城市将自己的光合作用能源的潜力调查得很充分。在城市的总体规划中，一般会把城市范围内的自然资源和经济资源记录和描述得很详细，比如历史建筑、矿产遗址和生物物种等，但是可再生能源（太阳能、风能、波浪、生物质能或地热）通常是不包括在内的。在推进巴塞罗那的可再生能源议程时，该市就饶有兴趣地计算了太阳能增益。正如该市一位可持续城市顾问曾经指出的那样，该市的太阳能增益相当于"10倍以上的城市所消耗的全部能量或是28倍以上城市消耗的电量"（Puig，2005）。对于巴塞罗那来说，现在的问题就是如何在全市引入这些可再生能源。

转变成为可再生能源城市可以通过许多方式来实现：创建太阳能或低能耗样板房并展示给建筑师、开发商和市民，让他们了解绿色家园的迷人之处；开发区域内的风能等可再生能源并且给市政交通、灯和建筑物供能；给所有新的公共建筑以及私人楼宇制定绿色建筑标准。

随着各种奖励政策（经济及其他方面的）的出台，太阳能城市也意识到有必要设置此方面的最低标准准则。巴塞罗那的太阳能法令要求新的建筑物和大幅度改造现有建筑物都要满足至少实现有60%的热水需求来自太阳能。这直接导致了太阳能装机量在该市的显著增长。

交通运输也是可再生能源面临挑战的重要组成部分。使用电力的公共交通工具越多，对形成可再生能源城市的贡献就越大。卡尔加里公交公司（Calgary Transit）提出一项名为"乘风（Ride the Wind）"的创意，它利用加拿大阿尔伯塔省南部的风力涡轮机给城市的轻轨系统提供能源。现在私人运输通过电动汽车和新电池存储技术的结合也成了这一转变的一部分，统称为"可再生运输"（参见：Went et al. 2008）。电动汽车不仅可以使用可再生电力来驱动，而且如果白天不开的时候，可以连入城市电网将电池中的多余能量输出，因为这些电池的容量一般是其消耗量的四倍。由此，它们就可以大大提高城市中可再生能源的使用比例。同样地，人们也开始渐渐相信从二氧化碳和太阳光中获取的天然气体是未来运输业和工业的清洁能源。

可再生能源帮助城市创建健康宜居的环境，同时尽量减少化石燃料的使用和影响。但是，想要达到弹性城市和绿色城市的目标，只有这些还是远远不够的。

2.2.2 生物区碳中和城市

碳中和已经成为关注气候变化的人们的强烈诉求。正如已成为一些地方政府、企业和家庭的发展目标一样，它可以成为所有城市的发展目标。这将需要三个步骤：

- 尽可能减少能源使用——尤其是在建筑和交通运输上；
- 尽可能多地增加可再生能源，不过要注意可再生能源的生产不会促进更多温室气体的排放；
- 通过保证碳平衡弥补二氧化碳的排放，特别是通过植树。

澳大利亚的悉尼和弗里曼特尔（Fremantle）现在正在官方推行"碳中和"，其中南弗里曼特尔高中在2012年成为澳大利亚第一个正式被认定为碳中性的学校（弗里曼特尔市，2012，悉尼市，2011；南弗里曼特尔高中，2012）。这些组织经历了一个碳审计过程。这使他们能够确定碳减排的领域，增加可再生能源的选择，以取代火电和燃料。接着他们成立了碳补偿项目，以此来中和剩余的碳，大多是在他们的生物区。对于绿色城市主义中的这部分，最需要关注的是碳中和抵消如何在城市生态区投入使用，以推进景观的再生，阻止生物多样性下降。因此，这部分强调了碳中和项目的生物区域合作关系，特别是其对于亚洲城市的适用性。

2007年，世界上最大的传媒帝国之一，新闻集团（News Corporation）的负责人宣布，该公司将实行碳中和。这导致了公司内一些显著的革新，因为它面临着成为能源效率、可再生能源和碳补偿（见www.newscorporation.com）全球领导者的全新领域。许多企业、大学、地方政府和农户正在致力于最大限度地减少他们的碳足迹，甚至实现碳中和。但是否能成为整个城市特色呢？有一部分人认为如果世界要发展为"后碳城市（post-carbon cities）"（Lerch, 2007），这是必不可少的。

一些倡议侧重于帮助城市实现这些目标，包括国际地方环境理事会（ICLEI）——地方政府可持续城市的气候变化项目、建筑2030、克林顿基金会的C-40气候变化倡议和联合国人居署城市气候变化倡议（CCCI）。并且正如上面所提到的，许多城市已经开始提供奖励和/或要求新建建筑符合一定的绿色建筑标准。在建筑层面最大限度地减少碳的利用，因为将这项技术运用到新的建筑中是比较容易的，并且它所带来的好处也已经被证实——不仅体现在能源节约上，而且有利于提高生产力，并且处在绿色建筑办公环境下会大大减少生病的次数（Williams，2012）。零能耗建筑和住宅远远超出了任何绿色建筑评级系统所要求的。这些建筑建在荷兰、丹麦和德国至少有十几年了，目前世界各地也有越来越多的正面案例（Williams，2012）。

在新南威尔士州的悉尼市，通过建筑可持续性指标（BASIX）计划，规定了与现有的房子相比，新的房屋在设计时必须减少40%的温室气体排放量（最初要求20%并发现它比较容易实现）以及减少40%的水用量。该计划旨在10年内减少二氧化碳排放量800万吨，节约用水2870亿升（Farrelly，2005）。在规划领域，通过评估过程来建立碳中和型城市郊区是非常重要的过程。该项目的下一阶段称为PRECINX。这一阶段我们寻求建立法定规划来治理碳中和社区及分支。Kinesis已经开发了一个模型来判定项目是否可行，并正在用来展示城市如何发展能够更接近碳中和的目标（Beattie et al., 2012）。

英国政府已经决定，从2009年起，所有的城市发展都将趋向于碳中和，并且2016年将实现全面碳中和。贝丁顿零能源发展组织（Beddington Zero Energy Development）是英国首创的第一个碳中和社区。因为这是一个关乎社会住房发展的组织，所以它将概念延伸至建材领域，并且已向我们展示了如何将碳中和议程与其他可持续发展目标进行整合，使之成为一个更有弹性的示范项目。

瑞典的马尔默申明它已经成为一个碳中和城市；瑞典的Vaxja已经宣布它致力于成为一个零使用化石燃料的城市，英国的纽卡斯尔和阿德莱德也希望能够实现碳中和。每一座城市都在可再生能源领域迈出了重要的一步。温哥华的新冬季奥运村被建造为北美碳中和城市发展的典范。

一个城市的绿色议程很直接地关系到生物区植树计划作为碳中和的途径。通过承诺实现碳中和的目标,城市可以通过在生物区域植树的方式进行碳补偿,以此作为生物多样性议程的一部分,应对气候变化。

在澳大利亚所有城市中,在城市停车场内进行的碳和温室气体排放是通过创新的植树活动以及其他一些组织补偿的,比如最近栽种了200万棵树的绿色车队,像航空公司、学校以及许多企业,都提供碳中和服务,并对实现碳中性做出承诺。碳补偿行为通过一个名为"温室友好"(Greenhouse Friendly)的联邦政府计划得到认证,并且提供了强有力的法律依据以确保植树活动是真实的。正如京都公约(Kyoto Convention)所要求的,相关的承诺资金和保证书至少要满足100年有效。西澳大利亚的弗里曼特尔在2010年时宣布自己实现碳中和。

许多与碳中和项目有关的碳补偿项目都将逐步转向那些使城市生态修复的生物多样性种植园。冈瓦纳链接项目(Gondwana Links Project)就是其中一个具体案例。该项目使位于卡里林森林至内陆林地的沿海生态系统之间长达3000公里的廊道恢复了原样。这个项目启动了澳大利亚西部整个南部海岸保护的各项准备金,由许多大公司以及普通百姓一同发起。他们利用从能源使用中得到的碳补偿创建这个基于生物多样性的植树项目(Newman and Jennings, 2008)。

保护并种植树木有助于隔离排放的碳。林木的覆盖也有助于自然地冷却建筑和房屋,并且可减少人工降温所使用的能源。正如在开罗市(Duquennois and Newman,2009年;联合国人居署,2009年),植树作为碳中和计划的一部分,是一个城市正常运转不可或缺的。其他城市通过碳补偿提供更大的林木覆盖率的举措还有加利福尼亚的萨克拉门托市政事业部(Sacramento Municipal Utility District in California)、亚特兰大的绕城高速项目(Atlanta's beltway project)和洛杉矶"一百万棵树"计划。

减少化石燃料的进程,也需要局部化和建筑材料的本地化。这反过来也提供了新的机会以创建更多的光合效应经济体。突出本地化所带来的价值是多方面的,而最明显的一个优势就是城市环境的干净整洁。当然,最主要的好处就是用来制造这些材料消耗的一部分能源将显著减少。同时,它也有助于加强当地经济,帮助它在面对全球经济压力时变得更有弹性,重塑地区之间的联系。

在伦敦的贝丁顿零能源开发项目(Beddington Zero Energy Development project)中,这个项目一半以上的建材来自周围60公里半径范围内,并且建造用的木材和附近的热电厂燃料,都来自当地地方议会的森林。一个城市生物区域碳中和的方式可产生局部纤维,这将意味着纤维英里的额外减少,以及本地生物可以重新生长的潜在可能性。

还没有城市承诺会在全市范围内实行可以将植树和实现更丰富的生物多样性联

系在一起的碳中和办法。如果能够做到这一点，城市可以将城市和区域造林提升到一个新的水平，并有助于减少气候变化带来的影响，同时解决当地以及区域的绿色议程问题。

当全球性的碳交易合同被采纳时，自愿性碳交易市场成为主流，碳中和城市将获得巨大的推动力。到2012年，将有55个国家拥有碳定价权，其中欧洲是最大的代表方。从全球来看，清洁发展机制（the Clean Development Mechanism）是给发展中国家提供补偿的一种方式。京都兼容的碳信贷计划将成为任何一个城市及其生物区的一部分。

2.2.3 分布式城市

分布式供电和供水系统的发展目标是实现城市从大型集中供电和供水系统向小规模和以社区为基础的系统的转型。当使用电子控制系统并且以社区导向为治理方向时，电力和水可以更高效地供应，因此，分布式使用电力和水可以使一个城市减少生态足迹。

大部分城市的电力和供水系统在过去的100年里变得更发达、更集中。虽然新型电力和供水系统的规模越来越小，但是它们仍然被分配到城市各处，就像没有变化一样。试图发现这些新技术是如何适用于城市并在整个电网中分散的运动，被称作"分布式供电和分布式供水系统"（Droege，2006）。

分布式水系统经常被称为"水敏性城市设计"。它包括完整的水循环系统，即将当地水资源如地下水注入系统，然后在本地循环使用"灰水"，区域循环使用"黑水"，便可以保证水资源能够大量节约下来。这样一个系统就使得绿色议程成为城市基础设施管理的中心课题，同时雨水回收再利用也涵括了洼地和人工湿地，这些地方有望成为城市重要的生态环境区。灰水同样能被回收用于浇灌公园和花园，并且局部循环的黑水能参与到区域生态系统中。以上所有倡议要求智能管理系统将其适用于城市网络中，同时要求城市规划人员和城市工程师开发新技术，他们迄今为止将水电管理当作有集聚作用的功能，而不是作为一个地方规划问题。（Benedict and McMahon，2006）。

现在许多城市证明了小规模的地方内部水系统是十分有效的。许多发展中国家的城市早已开始了社区钻井的供水方式，许多案例证明不需要使用花费极大的中央供水系统，小规模的废水回收同样安全和有效（Ho，2002）。在东爪哇，玛琅市（Malang）一个小规模的社区废水回收系统被用于为500户的廖屋村提供下水道设施（Newman and Jennings，2008）。在艾伦·琼斯（Allan Jones）的规划下，悉尼市在建造起始于伦敦的分布式能源系统（悉尼市，2012）。专家表示，通过当地冷热电三联产和太阳能光电板（PV）以及提高建筑内能源效率的废热发电计划，能够减少70%～80%的温室气体（悉尼市，2012）。佩斯的科波恩科斯特项目（Cockburn Coast project）已经证明，运用类似的21世纪的设计手段减少了58%的温室气体，节约了74%的水（Beattie et al., 2012）。

在大城市中，传统的工程学供能方法以及适用于大型集中生产设备和相当远距离送电的配电系统。由于线路损耗和大容量的能力负载系统不能轻易地开启或关闭，所以这种方法是十分浪费的。当负荷没有达到需求量的时候也有相当大的隐藏的能量损耗。可再生的低碳城市旨在推广更多的分散式能源生产系统，这种生产方式更类似于在一个邻里尺度下进行，并且线路损耗和能量损耗都能避免。不论是一个风力涡轮机、一个小的生物质热电联产（如伦敦的新型分离式能源模型），或者是一个太阳光电系统，可再生能源被短距生产运送到耗能处，并且实际上产能处与耗能处是密切相关的。分布式发电带来了许多益处，包括节约能源，更好地控制生产效率，更少的弱点，在面对自然和人造的灾难（包括恐怖袭击）时更强的恢复力。将这些小型系统巧妙集合成一个网络可以通过新的技术控制系统实现，系统随着一系列数据的升高或降低能够平衡整个系统的供求关系，尤其是车用蓄电池V2G技术的应用。许多这种小规模能源系统正被开发用于增强城市未来的弹性（Sawin and Hughes, 2007）。

城市中的分布式水电供应系统需要新的本地或区域公用事业公司来管理，也需要社区支持。多伦多已经创造了一个类似于上面简述的发展中城市的可能模式。社区开始组织"采购合作社"，他们通过合并购买力与当地的太阳能光伏板公司商砍价，从而刺激大家。第一个组织是里弗代尔太阳能倡议（Riverdale Initiative for Solar Energy），在这个倡议中75位居民参加购买屋顶太阳能系统，最终居民们节省了15%的进货成本。在那之后该倡议风靡整个城市。多伦多的例子证明结合自下而上的邻里合作途径与自上而下的激励和鼓励政策的优点。小规模分布式生产得到标准供货合同的支持（在欧洲通常被称为"电网回购"）。这种产品在欧洲尤为成功，并且已经十分常见了。同样的新技术可以被用在水和废物上，比如储雨水罐和灰水循环。

另一个案例是瑞典马尔默的重建西海港项目。它的目标是利用本地资源实现分布式电力和供水系统。通过屋顶太阳能电池板和一个创新的雨水循环系统，回收水浇灌绿色庭园和绿色屋顶，现在这个市区实现能源100%可再生。这个项目涉及当地政府的管理政策，同时证明一个明确的计划有助于推动分布式系统的创新（City of Malmö, 2005）。

分布式基础设施开始在全球范围内的城市落地。公共设施的实施者需要与城市规划者共同开发建设，以及如何通过以社区为基础的手段和地方管理政策执行当地能源和水资源规划。

2.2.4　光合作用城市

　　光合作用城市是通过景观建筑和自然系统，如城市溪流，给城市引入更多的自然气息，有利于调节空气。屋顶绿化和墙体绿化是两种最显著的生态城市新技术，但是更早之前提出的技术，如水敏城市设计和流动采光也变得越来越重要。日益增长的能源和食品供应以及本地生物材料也成为城市基础设施建设和建筑设计的一部分。城市生态进程通过取代化石燃料的使用降低了生态影响，同时通过强调自然生态系统的重要性，也带来了巨大的生态效益（Beatley，2011）。美国城市规划师蒂莫西·比特利（Timothy Beatley）在他的《光合作用城市》（"Biophilic Cities"，2011年）一书中描绘了城市生物自给自足的愿景，定义它为"社会城市融合自然会更加和谐"。他激励我们重新思考城市基础设施在最终建立一个连接人与自然的多层次设计中所需做出的努力。他相信，一个生态城市会重视已有的自然特性，并帮助恢复和重建所丢失和退化的部分。

　　同样的，一个高级生态城市的愿景涵盖了许多思想，并体现在图示、动画和艺术中。例如，Luc Schuiten———一名关注生态并极富远见的建筑师，从20世纪70年代中期开始一直对可持续的价值和生态建筑的设计十分感兴趣。在他的生长型城市中，他证明通过创新的过程迎来一个持久而光明的未来对这个星球来说是可能的。

　　在城市中减少建筑的能源需求和城市中大气的冷却已经变得十分重要，不仅是因为需要节约化石燃料，而且城市的热岛效应已经恶化，极端气候变得愈加普遍（Frumkin, 2008; Preston and Jones, 2006）。建筑内含的生态系统作为绝缘层，可以减少建筑的能源需求，同时也能减缓暴雨的降水流速。这已经成为一些以强暴雨和洪水为主要污染的城市的重要目标。

　　如前一节所述，通过小规模分散技术开发太阳能、风能和地热资源就能获得可再生能源。然而，可再生能源也可以通过生物燃料开发得到。即着眼于利用农作物和森林为建筑物和车辆提供原料的新方法替代增长的化石燃料。农场和城市周边的开放空间正被作为可再生能源开发的重点区域，尤其在生物燃料的生产方面。同时，生物燃料的生产也被作为改善环境的一部分。这意味着，在城市低密度地区和城郊地区通过食品种植、可再生能源作物和森林进行更密集的绿化，同时也对城市高密度区域进行绿化。

　　城市高密度地区开始考虑生态系统的一个主要原因是，越来越多的人相信蒂莫西·比特利所称的"自然的每日剂量"，它是人类生存的必要组成部分（Beatley, 2011）。威尔森（1984）所描述的光合作用思想是人与自然息息相关，并且在日常生活中依赖于生态系统。这中间真正的内涵尚未被测试且可能变化多端。然而，脱离

图2.1 新加坡的光合作用城市——全球最佳实践

注：新加坡可能是亚洲甚至是世界的领先城市，证明了高密度的特性能与强烈的自然特性联系到一起。

资料来源：Peter Newman.

生态系统的高层建筑可能需要改变，这个想法正被越来越多的认可。生态城市主义正逐渐伴随支撑其技术手段的产生而实现（图2.1）。

为了审美和其他景观目标，自然系统被纳入建筑顶部和围护结构，未来城市可以把食物放进城市自给自足的过程中去。在全球化的市场模式下，食物可以运送至越来越远的地方，新西兰的苹果、智利的葡萄、南澳大利亚的葡萄酒、中国的蔬菜。"食物里程"无处不在，美国食品已经从产地送至2500～4000公里以外的消费地。任何异地的食物都是高能源消耗的。美国的食品种植、加工和运送由于需要能量罐给家庭和汽车供能而消耗了大量能量（Starrs, 2005）。城市农业因此成为自给自足方式的一部分。

目前关于新的社区和发展项目设计有一些好的案例，比如尝试满足大部分食品需求的社区花园空间。在城市（和郊区）的环境中可以采取任何形式进行食物种植。社区花园、城市农场和可食用园林都是有前景的开发模式（Halweil and Nierenburg, 2007）。引人注目的可食用的城市园林案例已经表明，将硬质景观替换为果树和可食用的多年生植物是可行的。例如，在温哥华市中心附近的摩尔山（Mole Hill），传统的小巷已经转换为绿色豪华的可食用植物网络和苗圃花园，在一个以步行为主的社区空间里，偶尔有汽车驶过看起来便不合时宜。新的城市发展空间应包括居民可以直接种植食物的地方（屋顶、花园、后院）。在发达城市有一种趋势，将包括社区花园的新城市生态社区视为中心设计要素（例如，Viikki, Helsinki; South False Creek, Vancouver; and Troy Gardens, Madison），但是，在过去的几十年里为了应对被拦截的石油进口贸易，这一趋势在古巴也许是最为盛行的（Murphy, 1999）.

都市农业在其他发展中国家的城市也很普遍，它为许多贫困家庭提供食物和收入。城市需要更具创造性的方式来促进可行的都市农业，避免通过增加密度来减少汽车依赖性，从而制造土地增建的紧张气氛。这可能意味着一个城市可以利用本是商业与社区农场但却被毁坏的大片空地（例如芝加哥的大约70000块空地）。然而，如果这些领域都具有良好的交通可达性和其他基础设施，这样的使用应该看作是暂时的，实际上是可以复原的区域，引导如沃邦（Vauban）生态村无小汽车与太阳能建筑的发展。许多城市已经开始着手以某种形式检查社区食品安全，同时促进更加可持续的城市和区域粮食生产。这些可以融合到生态可持续城市和地区再建项目（Beatley, 2005），并且可以充分利用密集的城市空间的可能性，例如城市永续农业（参见：Newman and Jennings, 2008）。

在威斯康星州麦迪逊市，特洛伊花园（Troy Gardens）位于一块属于国有精神病院的多余土地上。经过多次改革，它被称为意外生态村（Accidental Ecovillage）。1995年，当一个社区入驻，将它作为花园和公园，并成立组织试图买下它时，这块土地被售出。通过与其他非政府组织和麦迪逊大学城市和区域规划系（University of Madison's Department of Urban and Regional Planning）的合作关系，特洛伊城花园的拥护者们创造了多种多样的赚钱方式。因此，现在特洛伊城花园混合收入共居项目包括30个房屋单元，一个社区花园被划分为320块土地单元，以及一个应用于社区农业支持型公司的传统苗族农业技术的城市农村，和一个地方生物多样性再生的草原修复计划（Campbell and Salus, 2003）。

2.2.5 生态高效城市

为了提高生态效率，城市和地区正在从线性改变为环形或闭合环形系统，在这种系统中大量的能量和物质需求将通过废物流提供。生态高效城市通过减少浪费和资源需求来减少它们的生态足迹。

一个更综合的能源和水需求的概念将城市视为一个需要流动和循环的复杂的代谢系统（如人体一般），理想情况下，历来被视为消极输出的东西（例如固体废物、废水）重新作为可生产的原材料投入，以满足其他城市的需求，包括能源。可持续性运动已经提倡一段时间，改变了城市作为线性资源生产机器的现状，转变为综合的城市代谢方法。这通常被描述为生态高效议程（Girardet, 2000）。

生态高效的议程已经被联合国和可持续发展世界工商理事会（the World Business Council on Sustainable Development）采纳，到2040年把工业化国家的资源消耗减少10倍作为高目标，随着知识和技术的发展迅速推广到发展中国家。虽然这种生态高效议程是一个巨大的挑战，但需要知道的是，在过去200年的工业革命期间，人类的生产力增加了20000%。下一波创新有很多未知的潜力可以提高所需要的生态高效收益（Hargrove and Smith, 2006; Hawkens et al., 1999）。

城市生态高效议程包括了"从摇篮到摇篮"（cradle to cradle）概念设计的新产品，包括如生态工业学的新系统，在该议程中各行业宛如一个生态系统共享资源和废物（McDonaugh and Braungart, 2002）。成功的案例包括丹麦的卡伦堡和澳大利亚的奎纳那（Newman and Jennings, 2008）。

持有城市是一系列复杂代谢流的观点也许可以帮助指导城市解决某地对其他地区和世界各地相当大的资源和能源依赖（尤其是短期）。政策可以包括可持续采购协议、地区与地区之间的贸易协定和基于绿色认证系统的城市采购等。同时，每一个新的开发项目应该进行一个评估，以确保从根本上减少新陈代谢。包含城市和都市圈的代谢可以在一些有趣和有潜力的方向进行全球治理。

可持续城市的新陈代谢这种新模式（视他们为复杂系统的代谢流）需要在城市和都市圈进行概念化，并且对计划和管理的方式做出深刻的改变。市政机构、各城市要素之间和利益相关群体需要新形式的合作机制。市政部门也需要制定和实施综合资源流策略。新的组织和治理结构以及新的规划工具和方法将是必要的。例如，市政当局可以详细规划城市和地区的资源流动，看看它们如何成为综合生态效益计划的一部分。

一个非常强大的生态高效模式如何体现在一个新的城市设计和建筑密集的城市中，斯德哥尔摩的哈姆滨湖城（Hammarby Sjöstad, Stockholm）是个很好的例子。从一开始规划新区，规划师就尽力全盘思考，理解输入、输出和资源的需求以及造成的结果。例如，约1000套哈姆滨湖城的公寓配有从社区废水中生成并提取的沼气的炉灶。沼气还为巴士服务区域提供燃料。社区的有机废物以供附近地区加热和冷却的形式循环使用。还有许多其他重要的能源特性设计。街区临近靠近斯德哥尔摩中心以及，创建（从一开始）高频轻轨系统使没有私人汽车成为可能（还有30辆共享汽车）。虽然这不是一个完美的例子，但它提供了一个审视城市的有价值的新方式，并且在大多数城市都要求一定程度的跨学科和跨部门协作（Newman et al., 2009）。

生态高效并非必须涉及新技术，它也可以通过利用人类对资源的使用将其引入城市，如在开罗著名的扎巴林（Zabaleen）循环系统（Duquennois and Newman, 2009）。还有许多其他案例说明第三世界各城市如何在当地工业、建筑和食品生产中进行集中废物管理的（Hardoy et al., 2001）。

2.2.6　场所感城市

具有当地特有的场所意识，培养高质量的生活方式和强大的社区发展模式，可持续性越来越被理解为发展当地经济的一种方式。一个城市的经济越当地化和自给自足，就越能减少生态足迹，越能确保其生态功能的增强。场所感的城市概念将越来越多地以人为动机来决定城市基础设施建设，从而决定城市类型。

当地的经济发展在可持续发展的背景下有很多优势，包括随着当地人工作的本地化，人们将会减少出行。想办法扶持当地企业成为城市迈向减少生态足迹的一个主要成就。旨在帮助美国小城镇居民自给自足的计划已被提出（Sirolli, 1999）。一种在有激情和资源的当地社区创建本地企业和支持当地弱势企业的做法也正在实施。1985年首届企业便利化项目（Enterprise Facilitation project）开展，旨在增加当地工作职位的数量，在澳大利亚西部的埃斯佩兰斯（Esperance）的乡村小镇试点实验，至今已遍布三大洲。这个项目的成功体现在该项目主席的演讲中（Sirolli, 1999）：

我们自豪地宣布近800家企业或者60%的企业家仍然成功运转，可持续运作为当地经济贡献了超过1.9亿美元的收入……在过去的20年里我们平均每年有40个新的初创企业，在埃斯佩兰斯仅13500人的人口背景下，创造了一个记录。

这些行动的先锋一次又一次地发现，场所是真正重要的。当人们属于或者在他们的城镇或城市有一个身份，他们想扎根创建本地企业。

当地经济发展是大多数城市的首要任务。作为其中的一部分，许多城市越来越强调本地的地方身份，经研究社会资本是用来预测一个社区财富最好的方法（Putnam,1993）。因此，当社区与当地环境、城市的遗产和独特的文化息息相关时，他们能够创建一个强大的社会资本网络，并且奠定一个强大的城市经济基础。

这种经济发展方式强调当地社会资本，它有许多支持者，但很少联系到城市可持续发展议程。例如，政府部门、企业和个人脱离了社区和地区，那么由他们产生的能源支出代表重大经济流失。在当地通过太阳能、风能和生物质能发电是一个非常好的经济发展战略，不仅可以增加本地就业，还可以提高来自土地（农田）的经济收入，否则在这个过程中循环的资金通过一个重要的经济乘数效应可能会成为经济收支的临界点。能源高效也可以是一个经济发展战略。例如，对可再生能源的研究和相关产品的生产在德国弗莱堡已成为经济发展的一个重要部分。

在能源、食品、材料和经济发展本地化方面的所有努力都依赖于当地社区的力量。贝丁顿零能源开发项目（Beddington Zero Energy Development project）通过更全面的社区设计视角看到了城市的发展，证明了思考的重要性超出了建筑设计。然而这个项目中被动式太阳能设计和较小的能源需求令人印象深刻（例如，300毫米绝缘体，一个创新的通风和热回收系统），大部分的可持续收益将来自居民在这些地方如何生活。居民被要求重新考虑他们的消费和通勤决定，例如，这里有一个汽车共享俱乐部，一个食物购买俱乐部，社区居民互相帮助思考如何创造性地减少他们的生态影响和足迹。这实际上是欧洲绿色项目标志和其他地方项目的一个重要的可借鉴经验。

一项研究调查了一系列欧洲城市生态学改革，结论是当创新来自关系融洽和可信赖的社区时，生态成为一种根深蒂固的生活方式，能为下一代做出榜样。然而，很多偏重建筑设计的创新号称为了住户，但却并没有让他们参与到这个过程中。那么，这些创新最后就会被忽略，甚至完全替代（Scheurer, 2003）。

创造一种场所感，主要在于激发人们对于城市经济、环境和文化各个方面的自豪感，曼谷的神奇之眼计划（The Magic Eyes project）表明了如何通过场所感的创建来处理一个具体的废物项目。（联合国人居署，2009）在这个项目中，垃圾丢在河中的念头被画在往来船只上的大眼睛所监督，它时时刻刻提醒着人们，一旦他们向河里扔垃圾，就会被立刻注意到。

一个城市的场所感需要将注意力投向居民和变革中的社区发展，这是在几十年城市规划方案中很重要的一部分。这种地方化的方法对创建一个弹性城市非常重要，它产生了必要的创新，人们通过对话进行选择，以减少生态足迹。这反过来又创造了社会资本，它是持续的社会生活和经济发展的基础（Beatley, 2005; Beatley and Manning, 1997）。很多国家的城市住户已经开始逐渐想要了解他们所吃的食物在哪里生产，喝的酒从哪里来以及用来制作家具的材料原产地是哪里。这个趋势可以逐渐向建筑环境的各个方面推进。

过去的城市经济中有着每个城市独有的货币，而且之前有人提出全国性的货币总是不能成功地表达一个城市及其生物区真正的价值（Jacobs, 1984）。部分地区通过在全国通行的货币基础上采取额外的货币体系，同时建立地方财政机构的方式，将城市经济转变成得更加生物区域化。额外的地方货币不仅有利于改变，而且还能创造一个有共同利益的社区，社区成员们可以在生物区中富有成效地交流（Korten, 1999）。这样，一个社区可以确认自己的身份并自然形成对自己产品的偏好。全世界超过1000个社区已经开始发行自己的货币以鼓励本地贸易。这种做法如何与城市规划结合，纽曼和詹宁斯已经用Curitiba的例子展开过讨论。

许多发达城市已经采用了与Curitiba相似的发展奖励机制，这个机制成为城市非货币经济的一部分。例如，温哥华需要把用于自身发展的百分之五的价值直接用于社会基础设施建设。这个政策是由开发者和议会，以及当地社区共同商讨决定的，它也许需要更多的景观式街景，更多的行人区域以及社区聚集空间，甚至一个艺术剧院式的电影院。保障性住房的制定是建立在为获得更多发展权而得到的奖励基础上的。补充货币的要求在温哥华推行越广，开发过程就越能创造出更好的公共空间，以便与市场开发的私人空间相配合。因此，可持续性可以通过规划系统成为带有本土化性质的东西。

所有城市都有通过规划系统创造自己货币的机会，这些货币与国家通用货币是平行且互补的。这些"可持续性信用"不由开发商或城市拥有，而由社区拥有，因为它们的价值体现在授予的发展红利中。因此，城市可以通过规划体系创造信贷可持续发展的社区银行。大多数发展中国家的城市对公共场所没有太多投资，导致整个城市的经济受到影响。Curitiba论证了城市是如何打破这种模式的。

通过规划体系，城市可以根据当地居民的需要创造自己的可持续性货币，只需要将它们定义为"发展权"。这些新的"可持续发展的权利"可能与生物多样性信用额、温室减排信用额、盐度减排额度额、保障性住房信用额或任何一个社会可以凭借在他们的城市和生物区中创造一个"市场"的东西有关。逐渐地，这些信用额就与主流经济相关（就像碳的信用额），为建设弹性城市所需的基础设施提供资金。

也许建立一种场所感的最好方式就是改变城市水管道。一些特殊的地方，甚至是神圣的场所，通常与陆水界面有关。因此，开发滨水区和海滩、再生河流和小溪流，就常常成为社区表达他们希望对自己更有感情的方式。在旧金山，Embarcadero高速公路的拆除使得海滨的再生成为可能。其结果是这个地方成了当地的标志，并有助于振兴当地经济。在弗里曼（Fremantle），一个当地的海滩被重建，这原本是原住民的圣地，也是第一批白人定居者抵达的地方，然而多年的港口活动已经使它破败不堪，因此当地政府与一群艺术家重建了这个地方，他们帮助设计和重建海滨区，使其成为公共空间。海滩上的一个公共纪念碑概述了当地历史，市民在享受空间的同时，可以了解该地区的历史和传统。

2.2.7 可持续交通城市

交通是一个城市最重要的基础设施，因为它创建了城市的雏形（Kostof, 1991; Newman and Kenworthy, 1999）。人们越来越多地把城市、社区和区域设计为适宜步行和以交通为导向，以此来节约能源。最近还增加了使用可再生能源的交通工具。拥有更多可持续交通系统的城市可以通过减少使用化石燃料，阻止城市扩张和对以汽车为主的基础设施的依赖，进而提高它们的适应能力。

　　大城市现在计划拥有更多可持续的交通方式，从而在减少交通拥堵的同时，把温室气体排放量于2050年前至少减半，这与政府气候变化专门委员会（the Intergovernmental Panel on Climate Change）所提出的全球日程是一致的。对于许多城市来说，汽车使用量的减少还没有提上议事日程，只能看到其作为它们向往的理想模式。尽管过去10年中，西方很多城市见证了汽车使用高峰期的到来及其衰退，然而，对于多数城市来说，持续的交通增长似乎是不可阻挡的（Newman and Kenworthy，2011）。为了减少城市的生态足迹，增强宜居性，就必须控制汽车和卡车数量的增加和与其相关的化石燃料消耗的增长。

　　Kenworthy和Laube（2001）研究的84个城市的私人交通工具的燃料使用变化表明，城市之间在汽车和石油燃料的使用上大相径庭。新加坡人均消耗石油燃料最少，只有12吉焦，与之相比，亚特兰大为103吉焦，珀斯为34吉焦。

　　大量研究表明，这些变化与气候、文化或政治没有太大关系，甚至与收入情况也无关，但它却与城市制定的土地整治计划有关（Kenworthy et al.，1999; Newman and Kenworthy，1999）。尽管行业内有越来越多的人认识到，只有对城市形态和密度予以更多的重视，才能实现可持续交通，但人们对城市规划参数相对重要性的讨论仍在持续中。基础设施的优先权，尤其是与此相关的政策支持，比如相对于汽车的公共交通的优先发展，街道的规划，特别是针对行人和骑车人的需求，都作为可持续移动性管理的一部分。

2.2.7.1 城市形态和密度规划

　　高密度的城市中心意味着许多目的地可以在短时间内通过步行到达，或者由于该地车站附近的人口集中，可以通过高效的公共交通到达。如果中心密度比较低，但交通沿线密度高，仍然可能有高效的交通系统。但是，如果低密度是一个城市的主要特征，只有汽车可以使人们在合理时间内到达目的地，那么大多数的活动需要依靠汽车。当没有足够多的人享受该服务时，公共交通是没有竞争力的。很多低密度的城市正试图通过增加人口密度，来减少他们对汽车的依赖（Newman and Kenworthy，2011; Newman et al.，2009）。

　　密度是城市规划师可利用的一个重要工具。在一个有着很好交通中转状况的城市或是要建立中转交通系统的城市，利用这个方式是最好的。因为公交导向发展的开发（TODs）可以使人均使用汽车率减少一半，并节省家庭20%的支出，因为家庭成员中平均只有一个人有车（经常是没有车）（Cervero，2008）。TODs也是一个合理的经济适用房策略。在美国，将60%的新增长转向密集型，可以使得在2030年之前每年减少85亿吨的二氧化碳排放（Ewing et al.，2007）。同时，TODs可以减少城市的生态足迹，遏制以汽车为基础、并阻碍城市绿色日程的城市扩张。因此，TODs策略可以使城市设立一个明确的增长边界，并为农业、娱乐、生物多样性和其他自然生态系统建立一个绿色保障，创造一个更有弹性的城市。

就像许多发展中国家那样，由于城市密集，且没有足够的公共交通，导致街道上的交通堵塞肆意发展，那么这些城市的运输系统很容易使开发功能失调。然而，如果愿意投资，城市的人口密度总能够提供可行的公共交通解决方案。低密度的城市一直在努力开发其他选择。高密度意味着摆脱以汽车为基础的交通系统变得更容易，但同时也意味着每当使用交通工具时就会有更严重的堵塞。如果在这些城市空间狭窄的地区，汽车使用的是维修不善的柴油发动机，就会导致严重的空气污染，所以城市需要非常认真地管理这些排放源（Jain, 2004; Rosencranz and Jackson, 2002; 联合国人居署，2009）。

2.2.7.2 基础设施建设的优先权和交通规划

"交通转运"比率是衡量公共交通与汽车在速度方面的效率。欧洲和亚洲最好的中转城市都有较高比率的交通中转速度，并有快速铁路系统（Kenworthy, 2008）。在研究样本的每座城市中，铁路系统比平均时速很少超过20~25公里的公共交通系统快10~20公里。公交的运输效率在汽车密集的城市比铁路更高，但在人口密度低且依赖汽车的城市里，使用铁路所带来的高速是汽车所无法比拟的。这是100多个美国城市正在新修铁路的主要原因之一。在许多其他城市，现代轨道被看作扭转私家车泛滥的解决方案。轨道对于减少站点人流密度也很有效，同时也可以帮助中心站点克服对汽车的依赖，而且轨道交通是电驱动的，在几乎没有城市使用石油发电的情境下，降低了对石油的依赖。

全世界的许多城市已经意识到燃料安全的挑战，正在大力兴建现代电力铁路系统。在应对气候变化的背景下，脱碳经济可以持续减少交通拥堵，并创造生产性的城市中心。城市修建快速电轨的趋势被称为"大趋势（Mega Trend）"（Rubin, 2009）。中国的城市已经从道路建设阶段转移到兴建全国的高速现代化铁路阶段。到2020年，中国在建铁路12万公里，投资额已经从2006年的每年1550亿元人民币升至2009年的每年10000亿元人民币，提供约600万个就业机会。这些项目是中国应对最近全球经济衰退的一部分（Xin, 2008）。北京目前拥有世界上最庞大的地铁系统。

新德里正在建设现代电力地铁轨道系统，该系统大大增强了城市的自豪感和对未来的信心。250公里的铁路系统正在不同程度地建设，这将使全市60%的地方能在15分钟的步行距离内有乘车站（Jain, 2008）。

历经20年的时间，澳大利亚珀斯，172公里的现代化电动铁路系统最终建成，就投资和TODs的发展来说，这是一个成功的案例；最新的铁路运行区间向南80公里，一天可以吸引50000名乘客，而公交系统只能承载14000人。不同的是，列车的最高速可以达到130公里/小时，平均时速为90公里/小时，所以旅程缩短为48分钟，而非以前的一个多小时。在伦敦，拥堵税被再次引进运输系统，它和巴黎都展示了欧洲政府管理汽车交通的决心（Newman et al.,2009）。

尽管绿化建筑，大力发展可再生燃料资源，以及创造更多适合步行的社区，是创建可持续交通城市重要的弹性基础设施，但投资于可行的、通达性好的交通运输系统，也成为减少使用石油资源和遏制城市发展进程对气候影响的弹性城市的重要组成部分。交通运输不仅节省石油资源，而且有助于重组一个城市，进而指数性地减少成品石油和汽车的使用，这对可持续发展的未来和人类健康都非常重要（Matan et al.,2012; Newman, 2006; Newman et al.,2009; Newman and Matan,2012）。

2.2.7.3 街区规划和机动交通管理

如果城市建设高速公路，那么对汽车的依赖就会逐渐增加。高速公路的高速意味着当它迅速成为首选时，这个城市可以迅速延伸到向外密度较低的地方。如果一个城市不建高速公路，更倾向于强调中转，那么它的街道就成为可持续交通系统的重要组成部分。街道可以设计得更有利于行人和骑车人，得益于此，城市会惊讶于自己变得如此有吸引力（Gehl and Gemzøe, 2000; Gehl et al.,2006）。丹麦城市设计师扬·盖尔的工作表明了，着力打造一个安全、充满活力的行人环境如何提高城市中心的经济、社会和环境效益（Matan and Newman, 2012）。

可持续的交通管理原则是'街道，而不是道路'。街道的用途比较多样，它不仅要最大限度地提高车流量，重点是将人们的行动，而不是车辆行动最大化以达到高效，而且要帮助街道使用者实现舒适性和安全性的高层次体验。这一政策还借鉴了整合交通设施作为公共空间的概念。美国和欧洲的城市正在通过所谓的"完整的街道"，或在英国被称为"赤裸裸的街道"来接近这个概念。这项新的运动旨在创造极具机动性的街道，以利于公共交通、步行和骑车人的使用，以及降低因行驶速度造成的堵塞。该策略通常包括取消所有可能使司机减速的大型标志，得益于此，伦敦肯兴顿高速公路的交通事故率减少了一半。

建设高速公路不利于创造弹性城市，不利于一座城市节省燃油，因为每个车道被快速填充，从而导致与道路修建之前类似的拥堵（Nolan and Lem, 2001; 干线公路评估常设咨询委员会，1994）。事实上，研究表明，就拥堵而言，城市建造高速公路没有什么好处。在20个美国最大城市中，每个司机的延误与大型公路上人均车道数量并没有整体相关性（Urban Transportation Monitor,1999）。

因此，对于城市规划者来说，建设可持续性城市的过程是相当严峻的，在政治层面上这个选择更难实现，因为更多的道路通行承载的诱惑力依然非常大。那些质疑过修建高速公路的城市已经在朝着更加可持续的交通发展，同时也成为该领域全球的领导者。哥本哈根、波特兰、多伦多、温哥华和苏黎世都不得不经历对高速公路的争议。在一轮政治对抗后，兴建高速公路的提议只好作罢。他们决定提供其他更环保的选择，并建立轻轨线路。自行车道、车辆减速措施和与之相关的都市村庄开始出现。所有这些城市都有公民组织去推进促成一个不同的、以减少汽车为目标的城市，而相关的政治进程紧接着会开始运作以达到他们的目的。类似的活动在澳大利亚非常活跃（Newman and Kenworthy, 1999）。

高速公路已经使许多城市萧条，现在有一些城市正试图拆除它们。旧金山在20世纪90年代洛马普列塔（Loma Prieta）地震后从滨水区开始拆除了Embarcadero高速公路。经过三轮投票才达成共识，高速公路已被改建为一个更友好的林荫大道，包含行人和自行车的空间。因为大部分的交通就这样消失了，即使通行能力下降，全市也没有出现无法保证足够的运输力的情况。这片区域中的土地再生利用一直遵循着这种交通理念的变化（Gordon, 2005）。

这些项目证明和鼓励的是"将交通作为公共空间"（Burwell,2005）。与变化的城市规划方式相适应的是，行人运动和骑自行车的小规模系统变得更为重要。"尊重行人策略"让一座城市的每个中心优先考虑人类交往的基本需求：以步行为基础的面对面接触让人类的生活回到城市，同时在这个过程中降低其生态足迹。

周期型策略可以与绿道发展相结合，完善绿色议程，降低生态足迹。很多案例都表明，尊重行人和自行车战略可以极大地改善城市经济，而且整合绿色和棕色议程。尊重行人和自行车战略，在哥本哈根、大多数澳大利亚城市、伦敦、纽约、旧金山和波哥大，以及巴黎的Velib自行车计划带来了巨大转变，该计划同时试行于发展中国家的意识也逐渐出现，都在证明着这个方法的有效（Newman and Kenworthy, 2007）。

2.2.8　城市规划和绿色都市主义发展概况

以上七个弹性城市类型表明了，为了创建弹性城市，需要做到：

- 可再生能源战略。表明了如何逐步挖掘本地资源。这些战略应包括对本地和周围城市的可再生资源的认同，并将其作为资本的基础组成部分，制定相应条例，以促进可再生能源的发展。
- 碳中性策略。意味着提高能源利用效率，与可再生能源战略整合并将碳补偿到周边地区。它可以通过规划方案来执行，这些方案要为碳和水在各个发展层面的使用制定标准，以防止耕地和自然土地的丧失，同时在最需要重新恢复植被的地区栽种植物。生物区域的发展可以使城市与周围的农村地区联手补植并执行抵消计划。
- 分布式基础设施战略带动小规模的能源、水和废物系统蓬勃发展。它可以建立在城市发展的基础上，并为新兴建筑提供优惠措施，例如光电池、灰水系统和水箱技术，同时提供以社区为基础的、系统的治理地方计划，以及鼓励全区域回收污水战略。

- 生态融合策略景观建筑和方便的水敏性城市设计可以提升城市的热性质，帮助更好地管理水和生物多样性，并满足当地的娱乐追求。这可以通过开发控制将屋顶（和墙体）用于生态用途，同时规划城市区域进行生态运动，包括发展生物燃料、食物和纤维，以及增加城市内部本地和周边地区的生物多样性。

- 能够"完成一个城市所需新陈代谢的循环"的生态高效策略是必要的。它涉及生态工业，联合工厂减少垃圾，并评估城市发展的每一步，实现城市新陈代谢根本性的变化。还可以审核城市的所有废物，确定如何通过利益相关者的参与和政府的引导对其进行重新利用。

- 地方战略意识是确保以人这个主体来推动所有其他策略。可以通过地方经济发展战略的协助，也可以通过以地方为基础参与规划和发展过程的方法，以及通过创新性使用"可持续性信誉"，或补充货币的形式，来实现当地的可持续发展创新并作为发展的奖励。城市河道的标志性转变往往是城市再现场所依赖过程的核心活动。

- 可持续的交通策略包括：

（一）在每个主要道路上，高质量中转比普通交通更快；（二）在以公共交通枢纽和车站为核心的同时，倡导高效、混合的土地利用；（三）在每个中心和TOD片区实行"尊重行人和自行车"战略，同时在全城修建自行车道；（四）为逐渐出现的电动汽车修建充电设施；（五）将自行车和行人基础设施作为各街道规划的一部分；（六）在城市周围建绿墙，以防止城镇建设对土地的进一步蚕食。

2.3 小结

随着人们对全球变暖、石油泄露以及水资源、生物多样性和城市生活质量等问题的关注，未来绿色城市主义必定被提上议程。绿色城市提供了一次性解决这些问题的方法。这是一个挑战，也是一个好的机遇。如果有城市想回应这些担忧，那么就需要有相应的基础设施支持上文概述的七种类型。上文提供了每一项议程正在被一些西方工业城市实施的例子。然而，没有哪座城市已经开始平行同等地涉及所有七个领域。但这最终是必须要做的事情。那些开始在亚洲地区展现领导力的城市，今后会被人们当作检验亚洲能否成为21世纪绿色城市典范的标准。

可再生能源城市

第3章

3.1 导论

可再生能源城市是那些将可再生能源作为未来主要能源的城市。其实城市不仅仅是能源的消耗者，它还能生产清洁能源（Newman et al., 2009）。本章将从区域的宏观角度到建筑的微观视角展示一些正在使用可再生能源的亚洲案例。其中，一些案例还处于计划和施工阶段。

尽管发达国家是利用太阳辐射、光伏和风能的先驱，但亚洲国家已然成为可再生能源的来源。起先，太阳能板在缺电的亚洲发展中国家的乡村地区使用。而现在，为了减少使用化石能源，光伏电池在这些区域的城镇、家庭中被广泛应用。有一些城市联合提议将太阳能作为主要电力来源，这些城市被称为"光能城市"。

2004年，彭博新能源财经（Bloomberg Energy）提供的数据显示发达国家有150亿美元的可再生能源投资，而发展中国家只有40亿美元（图3.1）。可见，可再生能源投资主要集中在发达国家。然而，到了2011年，发展中国家在可再生能源的72亿美元投资已经反超发达国家70亿美元的投资。这主要归功于印度和中国，当然，下文也将展示许多开始转变能源结构的其他国家。

可再生能源的使用在中国有一段传奇历程。2005年，中国颁布了标志性的《可再生能源法》（Renewable Energy Law），推广风能、太阳能、水利能、生物能、潮汐能和其他非化石能源的使用，符合国家倡导使用绿色技术的主张。这一政策在2006年开始实施，开拓了中国的可再生能源市场，制定了中国减少碳排放和增加可再生

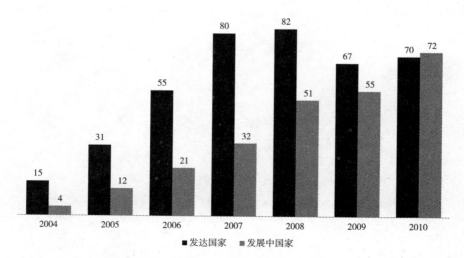

图3.1　发达国家与发展中国家在可再生能源方面的资金投入2004~2010年
注：新投资额依据再投资权益和包括未披露交易估算的总价值进行调整。
资料来源：联合国环境规划署和彭博新能源财经，图5，2011。

能源使用比例的目标。

2006年，中国最初设定了一个目标——到2020年底，8%的一次能源来自可再生能源。然而，随着清洁能源产业的飞速发展，中国现将这一目标提升至15%，可再生资源总计产生500吉瓦（1吉瓦=1000兆瓦，1兆瓦=1000千瓦）的能源（联合国和亚洲发展银行，2012，P70图框3.13）。更重要的是，《可再生能源法》承诺投资1800亿美元来完成这一目标。2008年，中国成为"清洁技术产值最高的国家，产值逾440亿欧元，占GDP的1.4%。中国还在许多清洁技术领域引领全球，如风力涡轮、太阳能光伏设备和高铁技术"（联合国和亚洲发展银行，2012，P53）。此外，中国还设定了到2020年在五个主要城市（北京、天津、上海、重庆、深圳）和两个省份（湖北、广东）降低40%～45%碳排放强度的目标（Webster，2012）。

2009年，中国可再生能源总产量达226吉瓦。得益于这一政策，中国的可再生能源产量在近几年中有了巨大提升。如今，中国是最大的风力涡轮生产商和最大的太阳能光伏电池生产商，其太阳能光伏板产量占全世界的40%。得益于中国产量和效率的提高，全球范围内的太阳能光伏板的成本大幅缩减。

至于中国未来的短期计划，在此稍作概览：中国政府目前草拟的目标是到2020年，水力发电300吉瓦，风能发电150吉瓦，生物质能发电30吉瓦，太阳能发电20吉瓦。500吉瓦的可再生能源总产量已达中国2020年规划能量总产量1600吉瓦的三分之一（Martinot and Li，2010）。为达目标，全球范围内多数新投资是可再生能源投资（见图3.2）；2011年全球86%的新增能源投资的可再生能源投资，其中多数是光伏投资。这主要归功于中国生产成本的大幅缩减（Newman，2012）。

中国国家发展和改革委员会（NDRC）在2010年公布了一个项目，该项目由五个低碳试点省份和八个低碳试点城市组成，它们分别是广东、辽宁、湖北、山西、云南五省和天津、重庆、深圳、厦门、南昌、贵阳、保定、杭州八市。项目涵盖了温室气体计算、低碳发展规划、工业和经济政策、政府公务培训、国际交流与合作诸多领域。随着低碳工业技术的蓬勃发展，该计划也倡导一种低碳生活方式并高度关注可再生能源（Karlenzig and Zhu，2010；联合国，国际展览局和上海市政府，2011）。保定市是这一项目中的一个典型案例，在其极高的经济增长率中，有40%可归功于生产和利用低碳技术的公司（尤其是生产和利用风能、光伏、热力、太阳能、生物质能和节能技术的公司）。保定在1992年建立高科技工业开发区时就开始关注低碳技术。当时保定付出了极大努力，不断奋斗（在市长领导下），不是为了发展传统工业，而是为了发展低碳工业。这促使保定于2010年在清洁能源领域有了20000个就业岗位。

本章将可再生能源城市的案例分成三个板块着重介绍，分别是光伏、风能和地热。

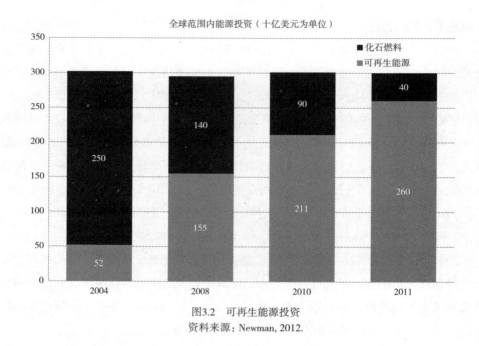

图3.2　可再生能源投资

资料来源：Newman, 2012.

3.2　亚洲可再生能源城市的案例研究——光伏版块

3.2.1　台湾高雄

位于中国台湾西南的高雄市，一直致力于提高城市发展可持续性，尤其是在增加公共交通、污水系统的现代化、改进饮用水质量、广开水源、减少二氧化碳排放和推广太阳能这些方面（Her，2008；中国台湾，2010；台湾可持续城市，2011）。

高雄有290万人口，是台湾第二大城市。在20世纪，高雄经历了快速工业化和城镇化，成为主要的工业基地。到了20世纪90年代，有超过6000家工厂在高雄落户。但快速工业化引致许多污染，高雄企图通过使用清洁能源来减少污染。

2009年6月，台湾通过了《可再生能源开发法案》，以求在未来20年里用可再生能源生产6500～10000兆瓦能量，通过使用清洁能源减少工业二氧化碳排放。该法案旨在使该市的温室气体排放降至2000年以前的水平。2011年，台湾使用可再生能源大约相当于2278兆瓦的能量，占城市用电量的5.8%。高雄的政府机关已向"绿色能源产业计划"注入了超过370亿新台币的资金，旨在于2015年将该市的绿色能源产值增至1158亿新台币。这一计划指定高雄科技园作为"绿色能源集群"，用于推广LED、生物技术、远程通信和太阳能企业。

高雄市有着高日照率，是太阳能的主要产地。2010年2月，亚洲最大的高聚光光伏（HCPV）太阳能发电厂在高雄市的路竹区建立。这个发电厂由核能研究机构赞助，可生产1兆瓦能量，更有着生产10兆瓦的潜力。多数太阳能电池及组件，包括太阳能聚光模块、太阳追踪仪、光电系统和中央监测系统都是由国内企业研制。2010年，中澳合资的太阳能技术能源股份有限公司宣布在大高雄地区建一座4.7兆瓦的太阳能发电厂。这将是台湾最大的太阳能发电厂。一旦竣工，台湾的太阳能发电量将翻一番。更重要的是，高雄政府正在提供太阳能热水系统补贴，鼓励市民使用太阳能。作为土地再利用工程的一部分，他们还计划沿港口建立太阳能工业区。

高雄市斯庆普（Hsichingpu，音译）天然气厂利用都会公园地下垃圾填埋场产生的天然气，生产了可满足4600户家庭用电所需的电力。它在2000年投入使用，预计在其20年使用期限内每年将减少5000吨温室气体的排放（台湾可持续城市，2011）

图框3.1总结了高雄在朝着更健康、更可持续的发展道路上所做的其他努力。其中，一部分改革已成为吸引投资的经济措施，强调未来的城市经济将基于绿色都市主义技术。所有城市都在为了获得绿色都市主义赋予未来经济的优势而竞争，这需要抓住每个发展机遇以成为这些绿色都市主义技术的试验田。图框3.2展示了高雄所做的努力，以及标志性的带有太阳能顶棚的新体育场。

图框3.1　更健康与更可持续的高雄

其他措施

交通

为提高公共交通的份额（2006年其份额为4.3%），高雄致力于提供新式公交方式和提高现有设施的效率。2008年，高雄发展了大运量快速运输（MRT）系统——高雄MRT（KMRT）。该系统有两条线路、36个站点和42.7公里的轨道。此外，高雄计划通过增加几百辆公交车来扩展现存交通系统间的联系，包括100辆为使用轮椅的乘客提供的底层公交，将与KMRT相接的班车线路增加一倍。公交车使用一种生物燃料与石油结合的混合燃料。六氢燃料公交车正处于测试阶段。

高雄积极鼓励人们用自行车代替摩托车出行，宣传150公里的自行车道和自行车租赁计划——C-Bike，它含50个租赁地的4500辆自行车。

高雄也致力于在公共交通和私人交通两方面提高燃料效率，此外也关注新燃料的开发。2006年，高雄将所有垃圾车由使用化石燃料转换为以生物柴油为动力，并向购买更环保汽车和摩托车的用户提供补贴。

污水

高雄积极更新污水处理系统及其连通性。1979～2001年，高雄更新了污水处理设备。1995年，只有1.1%的家庭拥有市政污水处理系统；而在2010年，这一比例提高到61%。

水资源

高雄正积极尝试着提高自来水品质并积极探寻水循环的途径：

2011年，高雄开办第一家工业污水回收厂，服务于楠梓出口加工区。该厂初步概算每天生产1800吨水，并计划升级为每天生产10万吨水的大厂。

高雄也鼓励商业规模的用水循环。中国钢铁高雄分厂每天需要16.5万吨水（占全市工业用水的55%）。该厂已组建一家工业污水循环处理厂，每天将额外再利用高达13500吨水。

海洋能

2008年，能源局（BOE）开展了一项为期三年的项目，研究使用海洋温差生产能量的可能性。海洋温差能是利用浅水和深水的温差生产的能量。研究人员已测定台湾东部海岸的海洋温差能可产生占该市电力需求2%的能量（工业技术研究机构，2011）。

高雄也正调查用水力生产能量的可能。

爱河

爱河贯穿高雄市中心，曾是城市径流污染的主要排污区。自1979年以来，高雄的污水处理系统有所改善，使爱河得以再生，也增加了公共空间、自行车道和河岸的公共艺术场所。爱河现在已是50多种水生动植物的栖息地。高雄同时运营着五艘沿河太阳能观光艇。

绿化空间

高雄致力于增加绿化空间，市内已有逾750公顷的公园、田野和一个湿地生态走廊。

　　高雄有八处湿地由北向南贯穿整座城市，总面积逾5000公顷。

减少荤食消费

　　为减少需求层面的二氧化碳排放以及提高环保意识，高雄政府鼓励市民每周吃一天素食。许多学校有素食日，更有33所学校每周有两天素食日。

　　资料来源：能源局，日期不详；Her，2008；工业技术研究机构，2011；高雄市政府，2011；中国台湾，2010；台湾可持续城市，2011。

图框3.2　台湾高雄太阳能体育场

　　外号"飞龙"的高雄太阳能体育场由伊东丰雄设计。体育场被塑造成一条龙的形状或者说字母"C"。太阳能顶棚使它免受天气影响。体育场于2009年竣工，占地面积14155平方米，可容纳5万人。它耗资约1500万美元，所用材料均为台湾自产的可回收材料。体育场覆有8844块太阳能板，每年可生产惊人的114万千瓦电能。涵盖了其3300盏灯和2个屏幕的所有用电量。这些太阳能板均由幸运电力技术公司生产。在体育场未完全投入使用时，生产的多余电力卖给了主要的电网公司。这些余电向周围地区提供了约八成电力。与一个规模相当的传统电力体育场相比，该体育场预计每年减少二氧化碳排放660吨。

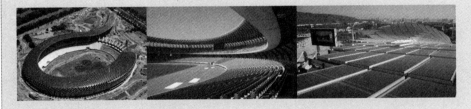

　　资料来源：工业技术研究机构，2011；可再生电力新闻，2009；台湾可持续城市，2011。

3.2.2　中国德州市"太阳谷"

　　得益于中国的可再生能源政策，皇明太阳能集在山东省德州市投资建设了中国太阳谷，其被看作是世界上最大的太阳能生产基地。中国太阳谷工程得到了德州市地方政府的通力配合，期望能够推进中国的太阳能产业。中国太阳谷占地超过330公项，以光伏产业为主，同时也是集制造业、旅游业、科研教育一身的太阳能技术推广中心。太阳谷拥有各种设施，比如：

- 太阳能研究中心——是一个与中科院和多所大学联合建立的研究机构；
- 一个太阳能检测中心——旨在成为世界上最先进和最全面的太阳能检测实验室之一；
- 一个科学和技术博物馆——世界上第一个太阳能艺术中心；
- 一个国际会议中心——这个中心在2010年举办了第四届国际太阳能城市世界大会；
- 一个微排国际酒店；
- 一个可再生能源学院；
- 一个旅游中心和太阳能休闲公园；
- 太阳能住宅及公建；
- 太阳能公寓住宅；
- 一个太阳能体育场；
- 光伏生产设施。

当地建设局规定所有新大楼都需要装备太阳能热水器，目前超过80%的大楼已经安装了。在图3.3中显示的日月大厦是太阳谷的主要建筑标志，它是皇明太阳能集团的总部所在地。它被认为是世界上最大的太阳能建筑物。大厦的总建筑面积是75000平方米，最大限度地展示了绿色技术，综合了超过2000个太阳能收集器、太阳能热水器、冷却设备和顶棚散热器，这栋大厦节约了88%的能源，相当于每年节约6.6千瓦时的电力和减少8672吨的二氧化碳排放量。另外，这个城市的主要林荫大道两旁都安装了太阳能路灯。

通过对太阳能产业的投资，该太阳能城市工程极大地刺激了德州市的经济发展。现在，这个基地拥有586项太阳能产品专利，5个太阳能科技研究项目也为德州市当地人提供大约80万个就业岗位。继韩国大邱、英国牛津和澳大利亚阿德莱德之后，德州太阳谷在2010年举办了第四届国际太阳能城市大会。太阳谷工程证明了运用可再生能源进行发展是很成功的，这个团体的创立者希望未来更多的城市能够跟随他们的脚步。其他的亚洲国家和地区如日本、韩国，还有中国台湾，现在都在与皇明太阳能集团合作来推动太阳能产业。中国用这个雄心勃勃的工程证明着他们正领导着全球清洁能源产业的变革（Higgins，2010；皇明太阳能，2012；Huang，2009；国际太阳城市组织，2010；Xu，2010；Yoneda，2011）

图3.3　日月大厦———一个以太阳能为主要能源优秀建筑案列
资料来源：Yoneda, 2011.

3.2.3　中国日照市

有着300万居民的山东省日照市是一个阳光充足的城市。它位于山东省的东北部，沿海岸有着丰富的自然资源。日照市将创新、公共教育、科学和技术作为城市规划的重点。作为规划的一部分，这个城市专注于大小规模的可再生能源。（C40城市，2011；清洁能源奖励，2007；未来政策，2007；Levesque，2007；可持续城市，无具体时间；世界未来委员会，无具体时间）。

这个城市有着许多旨在鼓励清洁能源的使用、限制能源浪费、提高能源使用效率和减少温室气体排放的政策。政府提供居住补贴、消费者环保意识计划和太阳能产品的展览会。这个城市生产制造了大量太阳能产品，其中涵盖了太阳能厨具、太阳能供暖和太阳能电池等技术。此外，这个城市研制出能够通过废水中的沼气（废弃的甲烷）发电的新技术。日照市政府以环境保护投资基金向使用废水生产的沼气发电的公司提供资金支持。这些公司按照排放标准处理废水，然后免去支付排放、水来源和处理方面的费用。这项政策减少了废水排放的污染，增加了用沼气制造的电力。在乡村社区里，15000户农村家庭使用沼气能源并获得补贴。在这个城市里每年的沼气发电量是9000万千瓦时。

大约150万人直接利用或是得益于太阳能、沼气能源和各种高效的能源使用措施。2007年，日照市的40万户家庭使用太阳能，1.5万户家庭使用沼气能（图3.4）。这个城市通过在建筑业、制造业、照明和取暖等多个方面使用太阳能每年节省了大

图3.4　日照市太阳能装置
资料来源：清洁能源奖，2007年。

约38亿千瓦时电力。作为这项政策的结果，日照市在空气质量上有很大提高，特别是减少了二氧化硫和二氧化碳的排放量。通过估算，由于使用太阳能和沼气，日照市的二氧化碳排放量减少了325万吨，二氧化硫减少了2.13万吨，气体灰尘减少了2万吨。

日照市的这个改变可以归功于三个因素：倡导清洁能源生产的政策、商业利益和市政府的有力的领导。市政府提供旨在提升能源效率的公共活动，包括了讲座、出版物和现场指导。这些活动提高了公众对于能源效率的重要性和使用清洁能源的必要性的认识。日照市在促进采用新能源供应系统、提供支持和示范项目等方面有强有力的导向性，政府大楼和雇员的家里都安装了太阳能装置。

3.2.4　日本堺市

在2007年，日本大阪府堺市（City of Sakai）宣布了要将20公顷的工业垃圾填埋地变为日本第一个大型太阳能发电厂的"堺市滨水区大型太阳能产生计划"，这是堺市、日本夏普公司和关西电力集团的共同合作项目。这项计划包含了两座大型的太阳能发电厂，它们一共有3.8万千瓦时的输出量，其中一座输出1万千瓦时，另一座输出2.8万千瓦时。从2011年开始，1万千瓦时的发电站将用于商业用途。如图3.5说明的，发电厂利用了夏普公司生产的7万块硅薄膜电池板。这些发电厂将每年减少1万吨二氧化碳排放量。

太阳能发电厂的建设阶段采取有效的施工方法。太阳能电池板的安装需要15

图3.5 堺市太阳能发电厂利用7万块由夏普公司生产的硅薄膜电池板
资料来源：Seagate,2008.

万块混凝土做基础，为了便于安装，这些基础建设成一个统一的专门的单元。同时，通过一套利用太阳能电池板的托辊轨带，施工效率大大提高。另外，由于太阳能电池板的预安装角度从30°调整为15°，施工周期进一步缩短。典型来说，太阳能电池板安装成30°角吸收阳光是最理想的。然而，根据和歌山县（Wakayama Prefecture）成霖高宝（Gobo）公司的一个研究机构的最新研究成果，对于这个装置，15°角（而依然能够）更加有效地吸收阳光。15°角的安装设置不再需要标准角框架，这使太阳能电池板能够直接安装在混凝土基础上，从而节约了时间和成本。

3.2.5 帕尔镇，日本太田市

太田市（Ota City）在距离东京西北方50英里的群马县（Gunma Prefecture）内，并且旨在成为世界上第一个完全的太阳能城市（虽然它并不是唯一一个有这个目标的城市）。从2002年开始，政府资助计划旨在测试太阳能的使用是否能够最大限度地减少停电的情况。这项研究花费了97亿日元，其中包括政府向帕尔镇（Pal Town）社区的大多数家庭提供免费的太阳能电池板。帕尔镇被选为太阳能电池板实验的检测场地，因为它处于阳光充足的位置，并有着足够的拓展空间。

在过去几年中，搬到这座"太阳城"中去的人十分喜欢这里的生活。帕尔镇四分之三的住房都覆盖了太阳能电池板，并将许多小型太阳能发电器连接到了输电网上。其中一个最吸引居民的原因是能够让他们的电费减到最小（夏普公司，2008；太阳能光伏板，2012）。

3.2.6 马斯达尔市，阿拉伯联合酋长国阿布扎比

马斯达尔市（Masdar City）的规划将其定位为一个无车、可持续的、碳排放和废弃物为零的城市。它位于阿拉伯联合酋长国阿布扎比东南方17公里处。一旦完成，它将是世界上最大的最先进的可持续城市之一。马斯达尔市是由英国建筑公司福斯特事务所在2006年开始设计。马斯达尔市面积6平方公里，并使用基于传统的阿拉伯形式设计的建筑。这个城市的建设将耗资大概220亿美元，最初计划分为七个阶段计划在8年内建成。其中第一阶段是建设一座为城市的建设提供能量的大型太阳能发电厂（图3.6）。城市原本于2016年完工，但由于全球金融危机（GFC）的影响有所推迟。它将拥有10万人口，1500个绿色城市技术的工作岗位。这座城市的建设是阿布扎比政府和光伏公司"马斯达尔光伏"成为世界上最大的太阳能技术公司之一这项野心勃勃的计划的一部分（Design Scene，2009；Oppenheimer，2010；Pohl，2009；Singh，2011；Stanton，2011）。

马斯达尔市的设计结合了传统的阿拉伯规划原则和创新能源、水、废物技术以及可持续交通。整个城市是一个以林荫人行道和狭窄的街道为重点的紧凑的、有围墙的城市。大部分的街道只有10英尺宽，如此设计是为了遵从传统阿拉伯设计原则创造出一个能够适应极端沙漠气候的环境。有的街道也结合运河体系来设计，从而进一步降低气温。这个无车城市设计狭窄的林荫街道，用来鼓励步行。通过一个完全自动化的电子个人快速交通（PRT）系统的使用，公共交通为人们提供长距离的

图3.6　马斯达尔市的光伏板
资料来源：*Design Scene, 2009.*

出行方式，而每隔200米就会有公共交通停靠站。轻轨交通系统最终将马斯达尔市、机场和阿布扎比连接到一起。与常规的城市相比，这里化石燃料的消耗、水的使用和废弃物的产生都预计会有大量的减少。其中化石燃料的消耗预计减少75%，水的需求量减少300%，废弃物产生减少400%。

可再生能源的主要来源是太阳能；风能、生物质能和地热能作为辅助能源。这里有两座大型的太阳能发电厂（第一座已建成），装配有大型太阳能屋顶，用来遮阴并提供能量。马斯达尔光伏公司的项目包括阿布扎比一座大型多晶硅工厂，工厂一旦建成就将为额外的制造工程，比如光伏电池和模块的制造提供原料。城市通过周围种植的棕榈树和红树林所产生的生物燃料为工业提供原材料。太阳能作为热源将被用来加热水，冷却建筑。生物质能则是从废弃物中产生的。

海水淡化、雨水和露水收集为城市提供水源。而海水淡化厂的能源也来自太阳能。废水会被回收利用以满足部分城市用水的需求。马斯达尔市的水需求量预计将会比同规模城市低60%。

马斯达尔市的建筑形式基本上是低层数的（5～8层），并有着狭窄的街道。这些建筑的设计是为了降低能量需求，并使其能够完全依赖可再生能源。建筑有着高度节能的被动式太阳能设计的特点，且能实现自然通风。专门为通风而设计的风塔有利于自然对流。狭窄的街道通过树和头顶上作为遮阳设备的光伏列阵提供自然冷却功能。通过这些特性可以预测，马斯达尔的电力需求将会是同规模城市的四分之一。

马斯达尔市的另外一些可持续特性还包括：

- 水被储存在地下，并且能够感应人行道的振动而自动触发水收集功能。
- 寓意着绿洲之火的交互式路灯，同时还是一个三维交互式媒质讨论装置。
- 交互式热敏性照明由人行道交通和手机的使用来激活。
- 屋顶花园为食品生产、发电、有效利用水和有机食品废弃物的再利用提供空间。

然而，设计上还是有一些有争议的因素。具体来说，公共交通系统的设计就存在着争议。这项计划中有一个太阳能的以磁道为轨的个人交通系统，称为豆荚车或是个人快速交通（PRT），这个系统在运营初期就出现了很多问题，比如在运输较多乘客时的效率问题就极为突出。

3.2.7 Donggwang，韩国济州岛

Donggwang是位于韩国济州岛西部的一个小村庄。这个村庄所有的能量都来自太阳能。太阳能系统的安装在2004年收到政府的补贴。补贴包括40户住房和村庄里

一所学校70%的安装费用。大多数屋顶上安装了2千瓦的太阳能系统。这个村庄的座右铭是"清洁城市——清洁小岛"。通过太阳能的使用，这个村庄实现了能源独立（Hudson，2008b；Thomas，2008；世界风能协会，2006）。

3.2.8 三洋太阳能方舟，日本

三洋太阳能方舟是位于日本中部岐阜县（Gifu prefecture）的一个光伏能源发电基地（图3.7）。它有超过5000块太阳能电池板，每年可产生53万千瓦时的电力。这个基地设计体现出诺亚方舟的寓意，象征我们正迈向全新的21世纪。方舟宽315米，高37米，主要结构是钢制的。它以四根柱子为中心，使用单晶硅太阳能电池组件。同时，太阳能方舟还有着很强的教育功能，包含一个太阳能博物馆，"太阳能实验室（Solar Lab）"。方舟被池塘和喷泉所包围，在入口上部有一对太阳能侧翼提供遮盖。方舟完全由太阳能供电，并出售电力向三洋环境基金会提供收入。这个基金会支持着环境保护组织。（Kriscenski, 2008; Sanyo,2012）。

图3.7 三洋太阳能方舟
资料来源：Inhabitat，2008.

3.2.9 Thyagaraj体育场，印度新德里

新德里占地面积16000平方米的Thyagaraj体育场是印度第一个环保体育综合设施（Banerjee, 2009; Banga, 2010）。它位于新德里南部中心的印度国民军驻地。这个矩形体育场是由澳大利亚公司博涛（Peddle Thorp）设计的，特点是有着大量的太阳能基础设施（图3.8）。体育场每年能够产生接近140万单位的电力，以满足体育场的用电需要，并且还能为输电网提供多余的11千瓦的电力。因为采用太阳能发电，据估计这座体育馆每年能够减少1200吨的二氧化碳排放量。

该体育馆的施工方法和使用的材料都是遵循可持续的原则，以减少对水的消

图3.8　Thyagraj体育场顶的太阳能电池板，新德里。
资料来源：*Suniva Inc, 2010.*

耗。体育场的墙壁采用粉煤灰砖建造并且流油凹洞，目的是提供隔声层和隔热层。另外，这个体育馆还配有双层玻璃，这些双层玻璃允许大量的光和少量的热气透过并进入建筑。节水方法包括回收废水和收集雨水系统。同时，它还通过风涡轮机来发电，能生成3.5兆瓦的电力。

3.2.10　印度安得拉邦蒂鲁马拉的太阳能蒸汽烹饪

在安得拉邦的Tirumala Tirupathi Devasthanam（TTD）是一个非常著名的朝圣之地，人们到那里求得Tirupati Balaji神的庇佑。寺庙官方每天为信徒提供食物，但同时他们也面临燃耗和电力短缺的问题。为了克服这个问题，2002年，一个每天能够为15000人提供餐饮的大型太阳能蒸汽煮饭系统正式建成（图3.9），这个系统花费了1.1亿卢比，印度政府非传统能源部门（MNES）将其作为示范项目并给予50%的财政支持，由瓦尔萨德（Valsad）的格提亚太阳能系统公司（M/ s Gadhia Solar Energy Systems）安装，其余的花费则由TTD承担，这个蒸汽煮饭利用了一个自动追踪太阳的圆盘集中器，它能将水转化为高压蒸汽用以蒸煮。这个系统每天能够产生超过4000千克的180℃的蒸汽，而10千克/平方厘米的蒸汽就足够为大约15000人做两餐饭。这个系统每年大约能省下11800升柴油，相当于省下230万卢比（印度政府，新型及更新能源部，2002–2003；Muthu and Raman，2006；太阳能揭秘，2010）。

这个太阳能蒸汽烹饪系统非常成功，所以印度又建立了六个相似的系统。这个系统的优势在那些以大米为主食而且需要为很多人提供餐饮服务的地方很明显。可

图3.9　在Tirumala Tirupathi Devasthanam的世界上最大的太阳能蒸汽烹饪（系统）
资料来源：Fractal Enlightenmeut，2008.

以说这是一个很接地气的绿色城市应用典范。

3.2.11　新加坡零能量建筑

随着价值6800万新币的政府示范工程被用于商业与居住项目，太阳能光板在新加坡被广泛利用（从2007年的50千瓦到2009年的200千瓦）。有许多典范项目，包括建设局［Building and Construction Authority's（BCA）］的零能量建筑（ZEB）和2015年规划的30个太阳能区。

零能量建筑是位于布莱德路（Braddell Road）的一幢被翻新的3层办公建筑（BCA Green Mark，日期不详；Wang，2009）。翻新这栋建筑耗资1100万新加坡元（相当于790万美元），目的是让这栋建筑本身能够产生其所需要的能源，其中包括建筑外观及屋顶的重新设计，以及监控和评估系统的安装。这座建筑示范了如何利用创新的建筑设计方法和能源高效的方法来翻新类似的办公建筑、图书馆、教室等空间。这幢建筑利用安装在屋顶及其他适当地方的太阳能光伏板，每年产生207000千瓦时的电力，太阳能板的总面积为1300平方米，这幢建筑只需3小时的日照便可提供它一天所需的所有能量。零能量建筑也装配了有利于降温的绿墙（外墙温度最高可降低12℃）。并且利用一个太阳能烟囱带走温暖的空气，提供自然阴凉的环境，这幢建筑利用自然光及自然遮阴，包括导光管（图3.10），除此之外，零能量建筑还安装了单圈双风机的通风系统以提供新鲜空气，这个系统能够控制新鲜及回收的空气流分开贯穿整幢建筑，以使新鲜空气能够被引导到那些有人居住、需要空气的房间。总体来说，零能建筑的能量利用效率比同等办公建筑高出40%～50%，

新加坡政府正在积极地通过财政刺激鼓励更多的现存建筑在绿色建筑标准

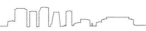

图3.10　建设局零能量建筑的光伏阵列及用以将自然光引进建筑屋顶导光管
注释：圆屋顶保护用以保护反光镜面，而镜面折射光线使其形成5米的距离照射到室内。图片后方是用来
为建筑内体育场降温的烟囱。
资料来源：The Star，2009.

（Green Mark）的指导下进行可持续性翻新。此举的目的在于到2030年能够使80%的建筑成为绿色建筑标准认证的建筑。

3.3　亚洲可再生能源城市的案例研究：风能

几百年前，人们就已开始利用风能。如今结合新技术的应用，风能又重新得以利用，用以小规模或大规模发电工程。风能有很多优点，比如可以为偏远地区供电、减少温室气体排放等。在认识到风能的这些优点和其巨大潜能之后，许多亚洲城市纷纷开始经营风力发电场。风能的价格也快速地向平价靠近，因此它正成为主流（彭博新能源经济，2012）。

3.3.1　韩国济州岛

济州岛有一个很大的风力发电场，而且用以发电的风力资源很丰富。到2020，计划这个发电场年将产生500兆瓦能源。这足以承担整个岛20%的能源消耗（Hudson，2008a）。

3.3.2　印度泰米尔纳德邦

印度现在的能源需求主要依靠煤，这个国家有一个紊乱的能源生产及分配系统，而且经常停电，其部分原因就是能源的过度消耗。为了保持经济增长并为人民供应足够的电力，印度亟须寻找其他科替代的电力来源，而风能正在成为印度政府的不二之选（Purohit and Michaelowa，2007）。在2001年印度的风力发电为14989.40兆瓦，占其能源总产量8%，在全世界风力生产排行上位列第五（印度能源部门，2011）。

泰米尔纳德邦地区生产了5900兆瓦的风能（2011年），这主要得益于像苏司兰和维斯塔斯（Suzlon and Vestas）这样的合作伙伴在风车上的技术创新。阿拉尔瓦伊穆斯（Aralvaimozhi）的Muppandal风力发电场是印度次大陆最大的风力发电场，投资20亿美元，是印度一个示范项目（Lee, 2010a）。通过税收政策的奖励，这个项目鼓励外国公司发展风力发电。泰尔米纳德邦电力管理委员会［Tamil Nadu Electricity Regulatory Commission（TNERC）］规定国有的供电公司必须购买一定比例的可再生能源（Chadha，2010）。还有许多经济刺激（如专项资金补贴）的法案出台，为的是振兴太阳能及其他可再生能源来源。例如2008年出台的微小中型企业法案（Micro, Small and Medium Enterprises Policy 2008）规定企业可以最高获得300万卢比的补贴用以采购太阳能设备。再比如，泰尔米纳德邦电力董事会（Tamil Nadu Electricity Board）被要求在其购买的能源中，必须有不少于14%来源于可再生能源。

3.3.3 中国的风能

中国有丰富的风力潜能，中国气象研究学会指出全国可开发的风能有1000吉瓦，其中大约有250吉瓦在陆地，另有750吉瓦为近海风能。中国于20世纪90年代开始在商业领域投资风能，在此期间单机生产力已从100千瓦、200千瓦和300千瓦提升到了600千瓦、750千瓦及1300千瓦（中国风力中心，2012）。

中国政府确立了这样一个目标：到2020年要有30吉瓦风力发电。为了达到这个目标，1999年政府发布了一项通知，即"关于可再生资源提升的相关问题"。这项通知包含了对可再生资源的优惠政策，这项政策为风力项目提供经济上的指导，为需要银行贷款的项目提供2%的财政辅助。同时，对于那些使用了中国三大生产商即新疆金风科技有限公司、华锐风电科技集团和东方电气集团所制造的风力涡轮的风电项目，政府会返还其投资额的5%。除此之外，国家发改委要求到2010年，大型能源生产的电能中有3%来自风能，而到2020年这一数字要达到8%。

大多数中国风力农场位于北方，占到已安装风力装置的70%，其余的多位于山东、福建及广东的沿海地区。多数已建生产力，约四分之一的风力发电位于内蒙古（图3.11），内蒙古风电场约有100兆瓦的生产力，是中国最大的风力发电基地。

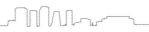

图3.11　内蒙古风力发电场，中国最大的风能生产基地
资料来源：Reuters and Gray 2010.

3.3.4　菲律宾北伊罗柯斯省（Ilocos Norte）的班吉风车（Bangui Windmills）

　　北风班吉湾（The Northwind Bangui Bay）项目位于菲律宾北伊罗柯斯省的班吉，这个项目由北风开发公司建立，其目的是帮助减少温室气体的排放，以及促进该地区的电气化。这个项目被认为是菲律宾的第一个、东南亚最大的风力发电场，这个发电场开始于2005年6月，沿着距离南中国海326米的海岸设有15台风车（图3.12），每台风车可产生最高达1.65兆瓦的风能，因此该发电场总共可生产24.75兆瓦的电力。最初，北风班吉风力发电场能够承担北伊罗柯斯省地区40%的电力需求。第二阶段于2008年完成，此次升级大大提升风力发电场的能源生产，其目标是能够为此区域承担70%的能源需求。

　　北风班吉湾项目是取代了另外一个煤炭发电厂的议案，从项目的花费来看，早先的这个计划似乎是一个更实际、更经济的选择，但是奇怪的是，大多数当地居民并不支持这个煤炭电力厂的提议，因为它并不能保证稳定的价格并且必定会对环境产生消极的影响，由于人们对环境的关注意识，最终这个煤矿工厂的提议被搁置，取而代之的是风力发电场。

　　据估计，北风班吉湾项目每年减排温室气体二氧化碳56788吨。不仅如此，这个项目也为电力消费者省下5%的花销，这个风力发电场成为菲律宾第一个减少碳排放证书［Carbon Emission Reduction Certificate（CER）］的获得者，这个证书来自联合国气候变化框架公约（United Nations Framework Convention on Climate Change）［菲律宾

图3.12　沿北伊罗柯斯省的班吉海岸的风车
资料来源：Waypoints，2007.

省联盟（League of Provinces of the Philippines），日期不详］。由于这个项目的成功，现在全国范围内有更多的风力发电场正在建设中。

2008年，菲律宾颁布了可再生能源法案，它被认为是东南亚最综合全面的可再生能源法案，这个法案包括一个净计量网络体制，消费者可以以一个许可的固定价格在合适的时间向网络中出售自己多余的电力，而在需要时可以以正常的零售价购买电力。这个固定价格给由风能、太阳能、潮汐能、水能以及有机染料得来的电力提供了一个有保障的相对固定的价格（菲律宾国会，2008；被引用于联合国和亚洲发展银行，2012，P95）。

3.4　亚洲可再生能源城市案例研究：地热能

地热能是一种丰富的自然热量来源，目前已有超过24国家把它当成电力的来源，70个国家用它进行区域供暖。它是一个十分经济、可靠、可持续并且环保的能量源，在过去的几十年里，多个亚洲国家已经计划了许多地热能项目。

3.4.1　中国咸阳

陕西省咸阳预计成为中国的"地热城市"（PRLog，2010；verkis，无明确日期），拥有大量优质地下热水储备。中国政府与冰岛政府联合签订了一个地热能合作协议，此协议为咸阳成为生态城市，并且为其发展及利用地热能奠定了基础。

从2006年开始，地热在咸阳大学花园被用于区域供暖，咸阳大学花园占地2.4平方公里，是很多大学院校师生的居住区。咸阳设立了许许多多利用地热能的设备，这个区域利用先进的地热技术包括地热井网、自动化以及热水回灌。沣河正在为2012年计划一项开发，这个项目有许多住宅项和办公建筑会利用地热为其供暖和提供热水。咸阳已经成立了一个地热能协会，负责许多展示地热能综合利用的示范项目。

3.4.2 菲律宾的地热能

作为世界上仅次于美国的第二大地热能生产者，菲律宾正在进行许多相关项目，以进一步利用这项可再生能源。位于火山带的菲律宾有大量的地热供应。这个国家有很多的活火山和喷泉（图3.13）。大量的地热储蓄正在被挖掘，也为城市发展提供清洁能源（Clough，2008；Harden，2008）。

图3.13 菲律宾拥有大量的地热储藏
资料来源：Lee，2010b.

早在1967年，菲律宾政府就颁布了地热法，一年后，第一处地热储藏点在阿尔拜省被发现，菲律宾的一个主要地热能工厂便位于此地。现在，菲律宾有8个良好运作的地热厂，能够产出全国28%的电能。菲律宾现有1900兆瓦的地热生产能力，政府的目标是产量能在下一个10年翻倍，使菲律宾站在地热生产的前沿。

3.5 小结

可再生能源已被证实能够产生许多经济和环境效益，并且在可持续发展中扮演重要角色。通过可再生能源实例，我们看到许多可再生能源城市正在形成，并且未来将会有更多。与西方城市相比，亚洲城市可能起步较晚，但它们正不懈努力，并且为提升可再生能源的利用发挥了很大的作用。越来越多的亚洲国家和亚洲城市致力于多种可再生能源的发展、利用以及提升，目的是能够在未来成为城市的范例。它们希望激励更多的城市跟随其摆脱化石燃料的禁锢，并在未来作为新型绿色城镇化的典范。

生物区碳中和城市

第4章

4.1 引言

碳中和意味着城市经济聚焦于当地的生物区，以减少能源的消耗、更多地使用可再生能源的方式以及通过一些创新的生物区项目来减少对于剩余碳的消耗。在亚洲有许多关于碳补偿的课题研究。这些地方通过一些像清洁发展机制（CDM）这样的联合国国际机制，展示了城市及地区引入新碳平衡发展的可能性。2009年，马尔代夫向外界宣布，计划于2020年实现碳平衡。在亚洲，关于碳平衡的行动很少为人们所知，但通过仔细观察，我们可以看到，正在缓慢推进的新一波绿色城市化改革带来了新的希望。

这一章将讨论如下案例：

- 阿塞拜疆：济拉零岛（Azerbaijan: Zira Zero Island）；
- 中国：万庄；
- 印度：奥罗维尔（Auroville）；巴罗达市Tejgadh种族发展中心，巴沙中心（Tribal Development Center, Bhasha Center, Tejgadh, Baroda）；拉达克德鲁克白莲花学校（Druk White Lotus School, Shey, Ladakh）；
- 缅甸：哈维亚（Hlawaga）公园；
- 菲律宾：巴拉望岛普林塞萨港（Puerto Princesa City, Palawan）；奎松城拉梅萨生态公园（La Mesa EcoPark, Quezon City）；
- 新加坡：能源政策；
- 泰国：养猪场及清洁发展机制。

以及亚洲的其他事例

4.2 阿塞拜疆济拉零岛

济拉零岛是阿塞拜疆的一项工程，目标是使整个岛实现完全不依赖外界资源的独立状态，包括碳平衡。济拉岛位于里海巴库主岛的南部，长3100米、宽300米，拥有三种充足的能源：水能、风能和太阳能（Averositi Holding, 2009）。

由BIG建筑设计公司提出的总体规划主要是利用岛上的自然景观开发这些可再生资源。对于建筑景观的规划就是仿阿塞拜疆七峰建造的，同时根据BIG创始人之一Bjarke Ingels的说法，他们将建立一个"自治生态系统，尽可能以自然的方式引导空气、水、热量以及其他能量进行循环流动"（Property Wire, 2009, n.p.n.）。开发商Averositi Holding希望这个总体规划可以为巴库豪华的、可持续的生活方式设定一个新的标准。开发公司Ramboll的建筑及设计部门总监 Lars Ostenfeld Riemann认为，"在

这样一个实际上以石油为基础的社会中，此设计将成为一个标杆，为可持续规划带来了新的思路"（Property Wire, 2009, n.p.n.）。

济拉零岛将利用不同的技术实现可持续发展。能源将基于现有的海上石油炼油厂的平台及设施，通过建设离岸风力发电厂来提供；建筑物的加热和冷却将通过热泵来完成；热水通过太阳能集热板加热后，集中供应到建筑内；岛上还将在建筑立面及屋顶上纳入光伏太阳能电池板为日常生活提供动力。岛上的交通将依赖电动汽车和出租车（然而往返岛内只能通过燃烧大量化石能源的直升机和渡船）。济拉零岛还将利用废水和雨水进行灌溉、将废水中的固体部分堆肥作为肥料。这种将废水回收用作灌溉和施肥的过程将有效促进绿化工程，同时也将减少生态足迹。

济拉零岛的建筑规划在很多方面上都是示范性的，包括它的碳平衡目标以及对于阿塞拜疆自然景观的效仿。然而，由于济拉零岛地处偏僻，通往岛上的交通及建筑的材料都会产生显著的二氧化碳排放量。因此，一个真正的济拉零岛的碳平衡项目可以抵消这份碳排放，就像在玛斯达尔所做的一样。或许这个岛的绿化正走向这一步，碳平衡这个词的使用也可以帮助我们汇聚这一类的想法，聚焦于改革创新。

4.3 中国万庄

奥雅纳全球公司和上海实业投资有限公司（上实集团，SIIC）正在建立一个30年的发展框架——在北京和天津之间的廊坊延伸出一个碳平衡镇。这一片新的区域将被称作万庄，计划占地80平方公里，人口大约4万，分布于区域内的各个村庄。据预测，这个地区将在不毁坏周围农田的情况下扩张，人口将增加到40万。这一计划替代了由廊坊当地政府所提出的并不受欢迎的旧提案，也表明当地政府采纳了新碳平衡镇的主要原则（Arup, 2011; RIBA Journal, 2009）。

上实集团和奥纳雅提出的规划是一个"农业大市"，通过发展由"生态走廊"包围的现有村庄范围从这一新开发的密集核心保护农业用地。这些生态走廊保护了现有的农业用地，同时为新的农业发展和野生动物走廊提供了更多的用地。这一新的发展最多有六个历程，并利用地下气动系统进行废物处理及制造可再生地热能。这一"农业大市"将规划一个专门的公共交通循环连通各个村庄，使所有的居民能在3~5分钟内就可走到公交站或自行车道。

万庄计划的好处远不止可以在城市周边生产粮食。这条生态走廊可以提供野生动物的栖息地，同时还为其他交通工具，如走路和骑车提供了空间。这一计划还将促进生态无害化农业的生产，可以保护65%的现有农田。计划提供给农民多种选择：

留在他们目前所在的村庄，或者搬迁到新的城市区域，或者去农村的集体农场。据估测，村内产生的废物只有2%会被填埋。

4.4 印度奥罗维尔

由Mirra Alfassa在1968年建造，由建筑师Roger Anger设计，奥罗维尔，这个译为"黎明之城"的"全球小镇"，位于印度南部泰米尔纳德邦（Tamil Nadu）的维鲁普兰区（Viluppuram），有着来自43个国家的2200名居民（2008）（Auroville，2010）。作为试验的"全球性"小镇，奥罗维尔设计容纳至多50000人，追求多样性，接纳另类的建筑、设计以及创新，同时培养了一种社会的、精神的以及环保的观念意识。

乡镇和社区都聚焦于可持续的绿色生活方式，宗旨是以思想、身体、自然的结合为居住中心。这个计划的核心原则是简明与和谐，简明是指生活方式的选择和设计，和谐则是指对于环境无害技术的应用。设计的重点是与当地环境的结合与响应，奥罗维尔的建筑具有高度的生态性、实验性和创新性，利用了当地的建材、气候条件（太阳能和风能）以及地形地貌的优点。不仅如此，建筑在设计上还力图在于保证居民需求的基础上，尽可能地减少生态足迹。

在奥罗维尔，有许多的研究机构致力于将新技术、现有技术以及创新工艺进行改造和整合，以减少能源和水资源的用量。太阳能技术因其可以制造能源、供水、烹饪、街道照明、供暖以及进行水资源管理回收，而备受瞩目。这些技术的设计旨在可以简单、经济、高效地利用能源。

太阳能是奥罗维尔使用比重最大的可再生能源。一些建筑物完全依赖于定制设计的带有集成逆变器和电池存储系统的太阳能光伏电池发电板。目前，在奥罗维尔有400座房屋完全依靠太阳能发电技术供电。大部分太阳能技术用于包括污水处理系统在内的抽水系统以及供暖系统。

一个大型公用厨房——"太阳能厨房"，使用世界上最大的"太阳能碗"，由太阳能及柴油混合系统来供能。这个碗，即太阳能供电系统，由数百面镜子构成，将太阳光聚焦在一个由装满水的线圈包围着的热能接收器上。这些水在变成蒸汽后被收集起来，用于烹饪。在太阳能发电过少无法支持厨房正常运转时，会启用一套柴油系统。这个厨房目前每天平均可提供1000份午餐。

奥罗维尔镇利用了由科学研究中心（CSR）定制的分散式污水处理系统及回收技术。该污水处理系统是由地下的存储、过滤容器和各种地上供氧系统组成的。该研究中心设计了一个高效的灰水循环系统，在圆柱涡流系统内运用了离心及向心

力，运用最小的空间过滤并给水充氧。有效微生物群（EM）是一种由微生物组成的有机液体，用来加快废水处理过程中废物的分解。居民的积极参与以及社区的管理为Auroville镇的实现可持续发展做出了很大的贡献。此外，小镇从当地周边的村庄中雇用了大量的本地工人，这些工人通常会担任劳工及服务供应商，还会接受培训。这一情况改善了周边社区的生活标准。据估测，每周从Auroville镇流向周边村庄的资金流达到了90万卢比（1.8万美元）。

奥罗维尔在周边的生物区做了很多的植被修复及居住区重建工作，尽管这一举动并不是为了平衡二氧化碳的排放，而是为了自己的利益。像济拉零岛一样，碳平衡原则并没有在奥罗维尔完全的实现，但是大部分需求都已经得以实现。

4.5 印度巴罗达市 Tejgadh 种族发展中心（巴沙中心）

在印度，最突出的问题之一就是农村地区基础设施的缺乏。当局的重点主要是发展城市地区，并且集中发展城市核心区域，这一关注点促进了农村人口向城市的迁移。如果政府部门在考虑农村地区的发展时能够采取一种更加甘地式的观点，可能人口向城市迁移的压力会小一些。位于Tejgadh的巴沙中心，距离印度古吉拉特邦（Gujarat）的巴罗达市大约50公里，提供了一个农村社区发展项目的范例。

巴沙中心成立于1996年，是一个公共信托机构，它的成立基于巴沙研究出版中心想要建立一个部落研究领先机构的构思，目的是研究与保护Adivasi（一个位于印度的土著社会）的语言和文化（Adivasi Academy，2006）。巴沙中心由一所大学、一个研究中心、一个维权中心、一个研究发展的实验室以及一个文化交流论坛组成，这些组成部分全部旨在解决Adivasi文化和发展各方面的问题。Adivasi学院是在1999年作为中心的一部分成立的，因为它为智力性和创造性的表达提供了空间，更重要的是为Adivasi这样的土著社会提供了发展的希望，该学院现已被公认为部落事务的优秀部门。

巴沙中心是由著名印度建筑设计师Karan Grover设计的。对于该中心的设计最主要的标准之一是它是否可以反映出地方特色和Adivasi的土著文化。整个中心都是围绕着如何创造社会意识与发展，包括如何提供就业而设计的。它采用了可持续的设计方案，特别是使用当地的材料实现低碳排放。通过提供就业，中心可以缓解当地人口向都市流失的问题。

文化求存，像巴沙中心这样，可以帮助全世界各地的本土居民保卫他们生存的土地、语言和文化。而对于巴沙中心来说，碳中和的状态相对更容易实现，他们也更适合实现这样的承诺。

4.6 德鲁克白莲花学院：印度拉达克谢伊

列城山谷（The Leh Valley）是印度拉达克的一个偏远山区。此地与其他地区每年有六个月以上的时间被大雪切断了联系。由于当地是高海拔沙漠环境，通常只能靠融雪获取水源。当地面临着缺水以及大量农村人口向城市人口迁移的快速城市化所导致的农村地区文化缺失和技术短缺的挑战。1992年，德鲁克白莲花学院（曾被称为德鲁克帕德玛卡尔波学会）在精神领袖嘉旺竹巴法王的领导下始建于谢伊村，距拉达克县城列城有13公里远（德鲁克白莲花学院）。学院的宗旨是，建立优质的现代化教育和交流中心，同时也维持自身的生态可持续发展。学校开办于2001年，并于2010年在嘉钦（Khachhey）办了第二所分校。2011年学校招收了650名从幼儿园到中学的学生，其中包括很多来自偏远地区的孩子，将近一半的孩子住校。学校计划建成后容纳750名学生，并提供包括"英语、数学、社会学、信息技术、物理教育和创新艺术"在内的现代核心课程，以及北印度语和佛语（当地语言）等属于当地文化方面的课程。

奥雅纳·伦敦（Arup London）以生态理念设计了德鲁克白莲花学院：被动式太阳能设计、使用本土材料和本地劳动力。为了应对当地剧烈的气温变化以及频繁的地颤与大雪，奥雅纳设计了以花岗石与砂心泥为材料、全年可操作的建筑。这种传统材料拥有良好的绝缘性并且能很好地融入环境。不仅如此，该建筑还设有室内花园让学生们种植粮食。为了节约用水，学校重视水的再利用并实行低耗水技术（或者叫作节水技术）：例如澳大利亚通风改良坑式厕所（VIP厕所），这种厕所不但可以消灭苍蝇和解决臭味问题，而且不需要耗费水，产生可用作肥料的腐殖质，不仅如此，还能利用双室系统集成太阳能烟道堆肥。

学校在能源方面几乎自给自足，电能和抽地下水耗能都源自太阳能。用于教室的太阳能系统朝向东南方向30°，这样能充分地吸收冬日阳光。不仅如此，该建筑还拥有全玻璃太阳能幕墙，此幕墙以高热质壁存储太阳的热量。学生宿舍向南，利用了一个名为特隆布墙的技术，其外壁由高热质量材料构成并且拥有双层玻璃。这使得热量能够储存在墙壁中，并在夜间向宿舍内传导。

水储存在高位的蓄水池中，其中一个蓄水池提供饮用水，其余的用于灌溉。这些蓄水池能融化积雪并将其存储，在卫生教育项目中发挥了重要作用。建筑结构采用独立于墙、用钢筋连接和交叉撑杆的木框架，以抵抗地震荷载。

因其展示了地方对于减缓气候变化所作的努力，德鲁克白莲花学院在2002年获得了"世界最佳绿色建筑"的奖项。该校也可作为夜间社区中心，让社区更有社会性与文化延续性。学校还制定了可信赖的碳补偿计划：德鲁克白莲花太阳能计划

"人们可以通过旅行来抵消他们自己的碳排放。该基金仅能用于购买太阳能设备（德鲁克白莲花学院）。

4.7 缅甸哈唯亚公园

缅甸拥有676577平方公里的国土，地形多变，全域温度和降水量差异大。该区域拥有类型丰富的生态系统及从海平面到高山的海拔变化，其50%的国土面积均被生物多样性极高的森林覆盖。缅甸政府现正试图通过各种公约，法律，政策和计划保护其生物多样性，运用了中性碳理念的哈唯亚公园便是很好的例子。

建立于1982年9月的哈维亚公园位于仰光省明格拉东镇涛建村。①公园包括331公顷的野生动物园、25公顷的小型动物园和267公顷的缓冲区（Trekthailand，日期不详）。建立公园的目的是提供一个环保教育、森林保护中心，以及保留具有缅甸代表性的本土野生动物，包括哺乳动物、爬行动物和鸟类，使其生活环境尽可能地接近其自然生存环境。其他的保护措施包括：针对森林退化的有效保护和管理、缓冲区种植园的创建、与自然相协调的设施保护及维护、植物研究、针对本土鸟和候鸟的鸟类研究、提高公众环保意识的环保活动的开展。这些项目和活动使得一度退化的森林恢复成以前自然的样子，并为今后的研究和公众旅游提供了机会。下一步计划是建立碳补偿系统以实现这些目标。

4.8 菲律宾巴拉望省普林塞萨市

普林塞萨市位于菲律宾巴拉望的一个岛屿上，具有极为丰富的自然资源。这座城市是热带雨林，红树林和原始沙滩的故乡（Puerte Princesa City，2010），由当地政府提出的保护计划使得保护这些区域成为可能。但是，曾有很长一段时间，没有人提出这样的计划。1992年，爱德华·哈格多恩（Adward Hagedorn）当选市长，期望普林塞萨市能成为可持续发展模范市。他通过"利尼作战计划（Oplan Linis）"让普林塞萨市成为全国最干净、最绿色的城市之一，该计划由政府机构、非政府组织、私营部门组织和公民协同合作，清洁街道，抵制污染，提供相关信息和教育；并对乱丢垃圾进行高额罚款，对孩子们起到了很好的教育作用［Local Governments for Sustainability（ICLEA），2004］。

市长刚上任的一个重点任务是，为居住在普林塞萨港沿岸的低收入居民提供

① 在这里"Tankkyan"也许是"Taukkyan"（涛建），位于仰光北郊。——译者注

一个体面的家。所提供的房屋被设计得宜居、实惠又节能。房屋充分利用自然采光，用紧凑型荧光灯代替白炽灯泡（CPL）并增强自然通风，使得建筑能耗需求减少了30%~40%。不仅如此，雨水收集设备的安装减少了抽水需求，建筑屋面、地板、门、楼梯禁止使用木材减少了伐木需求。预计每年仅节能灯的使用就能节约21414kWh，相当于35610美元。

1999年，普林塞萨市加入了城市气候保护运动（CCP），成为菲律宾的一个试点城市。普林塞萨市承诺每年减少10%的二氧化碳排放量（相当于16535吨），这超出了2010年的预期。与上文提到的可负担节能住宅项目一样，其减少排放量的手段是非常实用而简单的。这些手段包括：将路灯的使用时间从11.5小时降到10.5小时，从而每年减少了80吨二氧化碳排放量；在午休时间把建筑内的电灯和空调关闭，每年减少了4吨二氧化碳排放量；配给警员电动三轮车，每年减少了44吨二氧化碳排放量；不仅如此，每年都会举行"森林之宴"植树活动，可吸收7800吨二氧化碳。

2010年2月，该市在城市垃圾填埋场中安装了沼气机，这个垃圾循环产能项目由当地政府与菲律宾生物科技公司合作，该公司是一家通过沼气提供可再生能源的私营公司（可再生能源世界，2010）。设施从城市的垃圾填埋场、菜市场、饮食街、屠宰场处收集垃圾，将其转换为电能，可产生高达1兆瓦的电力。设备最初每天可回收21吨有机废物，生产350千瓦电力，并将电力提供给电动吉普车和电动三轮车，完成绿色循环（GMA，News，2010）。电动吉普车充电8小时可行驶120公里，电动三轮车充满电后可行驶100公里，水力发电厂可生产6.8兆瓦的电力，预计每年可减少高达26500吨的碳排放量。该市与一个专门从事分布式能源系统研究、名为"电力优化"（OPS）的组织合作，通过太阳能板将太阳能利用起来，以解决城市电力短缺问题。

度假村可为当地带来显著的经济收益。"亚洲转型"是一个区域环保项目，旨在让亚洲中小型企业和消费者采纳可持续消费和生产方式（亚洲转型项目，2011）。亚洲转型项目在2010年3月启动了"零碳度假村"项目，该项目旨在展示通过利用太阳能和生物质能达到零碳的"零碳小屋"。"可可珍珠"就是这样一个将自己定位为"碳中和"的度假村，他们将被动式散热技术运用到小屋的设计当中，再加上风力涡轮机、太阳能电池板和微水电技术产生可再生能源。

这些用于减少普林塞萨市能源消耗的措施是非常实用的。

4.9　拉梅萨生态公园，菲律宾奎松市

拉梅萨生态公园坐落于奎松市。奎松市拥有1200万居民，是菲律宾人口最稠密的城市之一。拉梅萨生态公园的建立旨在修复、造林、保留和保护拉梅萨流域，它

是这个城市乃至整个大马尼拉地区（Metro Manila）主要的饮用水源。拉梅萨流域对城市至关重要，不仅因为它是饮用水源，更因为这个流域拥有的大片森林。这片森林是整个大都市区的肺，为大都市区提供新鲜的空气。这项工程在ABS-CBN基金会（ABS-CBN的创立者，菲律宾第一个也是最大的媒体网络）和都市区水厂污水系统（MWSS）的共同努力下正在成为现实。同时，他们计划结盟并制定了Bantay Kalikasan战略（自然监督）。Bantay Kalikasan战略鼓励大众积极参与项目，包括一棵树、一个项目、一公顷的采用。这项工程取得了巨大的成功。个人开始直接参与植树过程，私营企业也陆续组织一些植树活动。拉梅萨生态公园为我们的孩子和未来的人们预留了一个更好的环境，它通过教育和拥护环保意识，为人们提供了一个健康的室外环境、一个充满生机的教室、一座环境教育的实验大楼、一个生物多样性保存中心和一个受欢迎的学校实地考察旅行、家庭外出野餐的地点，成为一个比大型商场更健康的替代场所（拉梅萨生态公园，2012）。虽然拉梅萨生态公园还未像其他案例一样显现它为实现碳中性城市做出的贡献，但是，应用类似的资源筹集方式将成为未来的趋势。

4.10　能源政策，新加坡

新加坡是亚洲绿色城市的领军城市之一。基于精心规划的城市环境中的基础设施，创新观念和强有力的执行力，新加坡有望成为可持续性发展观的带头人。尽管目前新加坡在地方上还没有一个详细整体的碳平衡管理策略，但许多相关的政府机构正提倡并且开始设法减少碳的排放。2009年，新加坡政府承诺通过各式各样的发展和创新出现达成至2020年减少碳足迹这一目标。政府尤其关注的是碳中性的发展，比如城市发展有限公司（CDL）开发建设的第11游行广场，Alila酒店和度假村的总部。

2010年11月，新加坡向联合国气候变化框架公约（UNFCCC）的秘书处提交了第二份气候变化国际交流报告，更新了2000年提出的第一份报告。这份报告详细介绍了新加坡关于可持续增长和气候变化的应对策略，重申了约束事项。这些限制包括作为一个能源贫乏的人口小国和城市城邦，新加坡在替代能源不占优势的情况下发展外向型经济。报告着重突出主要缓解措施，比如减少碳燃料的使用，提高能源在家庭、工厂、公建和交通部门的使用效率（能源效率计划办公室提出），并且加大对清洁能源产品研究和发展的投资，比如太阳能。

2009年5月，经济战略委员会（ESC）形成了这样一个观念，"新加坡作为新世界环境形势下的全球性城市，必须要发展构建能力和机会最大化的策略，从而达到持续性和包容性增长"（Tay，2010）。经济战略委员会的成员来自政府部门、工人阶层、私营企业和学术界，以七条策略为发展基础，其中一项旨在到2000年2月实现新加坡的精明能源经济。这项策略激励新加坡开展能源来源多元化，加强基础设施和系统的建设，特别是领先公众需求，投资主要的能源基础设施；并且发展裕廊岛（Jurong Island）为能源优化产业集群，提高新加坡的能源使用效率，特别是通过提倡节能建筑在工厂、运输和住宅中的使用，通过建立能源为主要研究和发展的优先级强化"绿色经济"，最后确认能源价格反映出来的真实总成本。这项策略旨在使新加坡构建可持续发展的精明能源经济成为可能（新加坡国际环境局，2010；新加坡国立大学，2009–2010；Tay，2011）。本书第6章有关于新加坡的生态融合城市生态主义创新的概述。这种城市植树的方式能够向实现碳中和迈出重要的一步！

未来，新加坡将通过低碳技术和生态种植，并将其纳入碳中性框架中，成为领先革新的国家！

4.11 养猪场和清洁发展机制，泰国

根据《京都议定书》（Kyoto Protocol）的要求，工业化国家应按1990年水平的一定比例减少温室气体的排放。清洁发展机制（CDMs）是协议里的一项灵活性机制，在这项机制的作用下，工业化国家可以从发展中国家的CDM减排项目中购买"碳信用额"，满足温室气体排放的要求。泰国的小型养猪场开始意识到参与清洁发展机制所带来的好处，即将二氧化碳排放在池中收集然后放在碳超市出售。春武里地区（Chon Buri）的Moo 10村庄就是其中一个例子。社区受益计划是泰国AEP禽畜废物管理项目的一部分，它的建立是为了提高当地的生存条件。泰国沿海省份的生活质量非常差，那里只有非常基本的基础设施和非常有限的社会服务，没有净化饮用水的途径，街道上也没有路灯。孩子们负担不起教育费用，土地质量恶化导致甘蔗产量下降并进一步加剧了贫困。碳资助项目给社区提供了净化饮用水的设施并且给街道安装了路灯。穷苦的孩子可以得到奖学金，加工牲畜废物系统也可以增加村民的收入。这是泰国第一个碳资助项目，它利用猪粪便发酵产生的沼气每天可以产生电量6250千瓦时，这些猪粪便全部来自春武里和Ratchaburi省。随着这项产品作为社区发展碳基金（CDCF）的碳信用额出售，每年可以减少碳排放58000吨，这个基金会由世界银行管理（世界银行，2008）。这样一个项目在亚洲的发展潜能才刚开始显现！

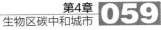

4.12　亚洲的其他地区

印度、孟加拉国、印尼也有很多生态保护和社区赋权项目，这些项目可以通过碳抵消、植树造林、阻止人口向城市迁移从而实现碳中和城市的建立，下面介绍一些范例：

- 印度野生动植物保护区的Biligiri Rangaswamy庙利用非木材林产品节约能源。通过蜂蜜加工单元、食品加工单元、草药加工单元，企业与非政府组织合作，共同为圣区居住的部落社区Soligas提供了生计（野外生存，2012）。
- 在孟加拉国，当地社区参与Nishorgo项目寻求通过碳补偿保护森林的方法。他们保留了湿地和森林的核心区域，政府与社区间保持有正式的合作，为贫穷社区提供生计。
- 印尼的Tarakan是一个石油开发中心，这里快速的城市化破坏了红树林。在更可持续发展的视角下，市长尤索夫·色让·卡西姆（Yusof Serang Kasim）实施政策和鼓励项目，以期能够阻止破坏自然红树林区域的城市扩张，同时有利于碳补偿。
- 印尼托拉雅乡土聚落是在农村地区实施可持续的例子。他们用手动车厢运输货物、种植当地食物，用当地建筑材料和木头建造房子，通过种植树木维持森林的可再生。得益是相互的，由此，城市可以继续发展，未来资源需求得到满足，生物区也能继续保护生物多样性和土地面积不会流失。

4.13　结论

以上所说的案例都来自亚洲不同的城市，每一个都阐述了以提高碳效率减少碳排放的技术、政策、策略和措施，使用可再生能源有助于碳补偿并且丰富生物的多样性。不管讨论的方法有多么原始或者多么先进，它们都被赋予一个共同的目标：创造一个能带来希望的可持续的弹性城市，对当前的创新浪潮作出回应。"碳中和城市"的概念在大部分例子中都未正式使用，但在这个过程中可以有而且一定会有好处，不只是授权碳补偿的能力，这些补偿都能成为越来越重要的资金来源。不过，文章选取都是在亚洲定居点中典型的例子，随着这些生物区未来为居民创造一个更为绿色的城市，将会为此类工作提供强有力的动力源泉。

分布式城市

第5章

5.1 简介

分布式城市基础设施需要减小规模以适应当地需求。大多数亚洲城市的结构已经向分布式基础设施概念发展。他们通常以将本地系统纳入区域系统中去考虑能源，水和废弃物的发展模式。究其原因，这些城市在发展的过程中往往有较高的地方自治权、较完善的社会服务以及经济供给系统。目前，由于绿色技术的可获得性，可以通过基于城市局部结构的更有效的能源、水和废物系统改造这些亚洲城市，本节将通过四个城市的案例来讨论如何实现分布式系统，他们是：新加坡、雅加达、天津和达卡。

5.2 新加坡滨海湾

新加坡滨海湾是一个基于绿色城市主义原则新开发的地区。虽然新加坡在治理方面高度集中，但许多服务的提供是遵循分布式城市原则和循环方法的（Newman，2011）。滨海湾尽管作为新加坡著名的旅游景点而名扬四海，但其绿色城市特性却鲜为人知。从20世纪70年代的填海造地开始，滨海湾就被设想为一个充满活力的地方，人们在此生活、工作和娱乐（图5.1～5.3）。该地区的规划与土地利用结合得很好，确保了住宅、办公室、教育、医疗和娱乐的用地均衡；同时，政府要求该地区的所有建筑物满足绿色标志（Green Mark）的认证，从而确

图5.1 滨海湾植物园的滨海湾大坝、湿地生物馆、干旱生物馆和超级树
资料来源：Peter Newman.

图5.2　滨海湾
资料来源：Peter Newman.

图5.3　滨海湾地区
资料来源：Peter Newman.

保大大减少资源的消耗。滨海湾利用许多创新的方法，实现了分布式城市服务提供，比如地下共用管廊提供市政服务，比如海水空调，再比如公共建筑和公共空间的空间划分也都很有新意，而且遵循可持续发展原则。滨海湾的市政服务如电力、电话、网络通信、水、冷却系统、垃圾收集、天然气和污水都通过一个公用地下管廊来运作。这条管廊不仅便于维护，而且也为城市发展留出了地面空间。海水空调（SWAC）使用深海的冷水以及热诱导与交换（thermal induction and exchange）的方法冷却水和空气。

　　滨海湾最具创新的元素就是滨海湾大坝和滨海湾水库。滨海湾水库是在2008年将新加坡河的河口封闭以后形成的淡水水库。大坝宽350米，提供了占新加坡淡水需求10%的水量，主要供给周边地区，同时还有防洪的作用，平时更是一个民众喜闻乐见的公共活动场所。水库满足邻近中央商务区（CBD）地区55%～60%的水需求，有助于减轻洪水对唐人街的低洼地区、游船码头、立卑大街和芽笼地区的影响。水坝周边不仅进行水处理，而且水库也被证明是一个受欢迎的水上娱乐景点，这些将在第8章作进一步讨论。

　　三个滨水花园建在滨海湾以提高新加坡作为一个"花园城市"的形象（滨海湾花园，2011）。滨海湾花园通过超级树技术，还有干旱生物馆和湿地生物馆实现自然冷却功能。超级树沿着水库边缘布置，为娱乐和教育空间提供天气保护。超级树是一个结合垂直绿化构筑物，也是一个自然冷却系统（图5.4和图5.5）。超级树上生长着蕨类植物、葡萄、兰花和凤梨，以及其他植物。该构筑物都配有环境模拟技术模仿树木的生态功能，比如作为照明的光伏电池，雨水收集用于灌溉和喷泉，以及自然的通风等。干旱生物馆是一个面积达1.2公顷的圆顶构筑物，为热带植物提供地中海和半干旱的环境，还附带有一个花卉展览空间（图5.6）。湿地生物馆是一个面积为0.8公顷的圆顶构筑物，模拟热带山区一个很潮湿的森林环境（图5.6）。湿地生物馆会形成"云山雾罩（Cloud Mountain）"的奇景，旨在让游客体验到山地环境。

　　通过强大的技术支持，滨海湾的发展向我们展示了一种更加全面的规划方法。可以说创新技术的应用使得该地区的发展取得了渐进式的成果。

图5.4　滨海湾公园的超级树
资料来源：滨海湾花园，2011.

图5.5 在新加坡滨海湾的超级树。
资料来源：Peter Newman.

5.3 中国中新天津生态城

中新天津生态城是中国和新加坡政府的可持续发展城市的合作项目（中新天津生态城，图5.7）之一。这座城市位于一个重要的国家战略区域——天津滨海新区，是由塘沽、汉沽两个区的部分组成，毗邻天津经济开发区（泰达）天津港、海滨休闲区，离北京约150公里。通过良好的交通网络，该地区与周围地区形成良好的联系，该地区的太阳能潜力巨大，太阳能辐射水平介于80~240瓦/平方米，平均日照率为64.7%。建成后，该区的总面积为31平方公里，到21世纪20年代前中期，预计人口规模为35万人。到2012年3月，第一批60个家庭搬进这座生态城市。

以适宜步行的生态单元的概念为基础的分布式城市规划原则在总规阶段得以应用。这个城市坐落在一个脆弱的自然环境中，含有盐水沼泽等脆弱的生态系统。因

图5.6 新加坡滨海湾公园中的湿地生物馆和干旱生物馆
资料来源：Peter Newman.

图5.7 天津生态城的视图。
资料来源：宁波大学，2008.

此，城市设计遵循可持续发展原则，比如更有效地利用土地、水和其他资源；循环利用原则；促进自主创新和保护空气质量等。城市的发展框架基于一系列的可持续发展关键绩效指标，包括生态环境、社会和谐进步，充满活力的高效经济等。当然也在观察这个发展模式是否可复制、可行和可伸缩。天津的一些关键的绿色元素如下所示。

中新天津生态城位于缺水地区，降雨量较少。当地的淡水供应无法满足城市预期的需求。因此雨水收集和有效利用现有的水源势在必行。城市还将加大非传统淡水资源如海水淡化和水的循环利用。我们的目标是每人每天使用120升水，低于大天津（每人每天使用130.4升）、北京（每人每天130升）和在新加坡（每人每天150升）的标准。

雨水收集主要通过绿色屋顶完成，收集到的水将主要用于市政基础设施供水。绿色屋顶还使雨水在收集前通过现场植物和土壤过滤。绿色屋顶还提供自然冷却，减少室内温度和热岛效应。这座城市还利用透水人行道增加雨水渗入地下。

整个城市开放空间的设计是通过使用低洼地形和在公众湿地中种植浅植被来缓解地面沉降、减少水的流失和海水倒灌。这里，湿地被用作自然净化系统。

天津生态城旨在减少能源使用和优先使用可再生能源和新能源，并推广绿色建筑和可持续交通技术。城市的能源使用关键绩效指标是20%的能源由可再生能源和清洁能源提供，包括如风能、太阳能和生物质能。这座城市将有两个热电联产（CHP）工厂供应电力和热能。可再生能源将主要用于加热冷却、家用热水和街道照明。

生态城将使用以风能和太阳能为能源的街道照明。路灯将配备一个风力涡轮机、太阳能电池板和蓄电池，使照明作用于一个独立的系统。由于有较长时间的运行寿命，在建成以后路灯几乎不需要维护费用。虽然太阳能和风能路灯成本较高，但和传统的路灯相比有更长的寿命，需要的维护也很少，并且不需要消耗电能。在10年的周期内，风能和太阳能路灯的维护成本的大约只是传统的路灯37%，这里面还不包括传统路灯为了满足街道照明所需要的能源费用了。天津生态城中所需要4000个路灯中，有2400个将会是风能和太阳能路灯。

天津生态城将使用智能电网系统控制能量的生产与分配。智能电网系统具有综合监控系统、用电信息采集系统、电动汽车充电设施以及通讯和信息网络。一部分系统运用了光纤通信网络，该网络除了满足电力需求，还将有助于通信系统。为了实现这一智能电网系统，电信网络和信息服务（如高清晰度电视）将架设于一个可同时传输四路信号的光纤复合低压电缆网络（OPLC）。智能电网将使用双向电力系统，电网不仅可以监控并输电给终端用户，也允许当地可再生能源和电动汽车电池的电力进入电网系统，在必要时向电网提供电力（称为V2G系统，更多参见：Went et al., 2008）。这个系统将是21世纪第一批创新技术革命的一项重要展示。项目完成后，通信网络将覆盖从发电厂到终端用户的整个系统，使电力智能社区、智能家电和智能供电企业联系在一起成为可能，并将演示智能技术是如何帮助分布式能源系统运转的。

中新天津生态城的规划向我们提供了一个范例，展示了如何利用可持续发展原则规划分布式城市模型。这些原则包括高效使用土地、水和其他资源；循环使用资源；培养自主创新；通过更加智能、更加分散化的方式将基础设施地方化。我们拭目以待，关注这个分布式城市建成以后是如何运转的，特别是智能电网系统，很可能为21世纪的城市提供基础设施建设的模本。

5.4 雅加达与其周边地区，印度尼西亚

雅加达是印尼的首都，也是该国最大的城市。坐落于爪哇岛的西北海岸，面积为661平方公里，人口为958万（2010年数据），雅加达是全国的经济、文化和政治中心，是东南亚人口最多的城市，并且是世界上第十大城市之一。雅茂德丹勿都市区（Jabodetabek），也就是雅加达市区与其周边的茂物、德波、唐格朗、勿加泗等城市，2010年有人口2800万，就人口而言是世界第三大都市群，位列东京和重庆之后。

社会评论家Daddio（2009）提出，"这个城市作所以正在逐渐被人所熟知，是因为它爆炸性的人口增长、看似永无止境的交通拥堵、遭受污染的水体和空气、日渐消失的开放空间、城市贫穷和经常性洪水。"而且，"这个首都城市的25%的人口住在农村和贫民窟，遍布城市周围。""另外5%的人口住在公共设施附近或河堤上的违建地"（图5.8）。为了帮助解决这个城市的问题，政府提出了一些试验性的可持续的革新手段，比如分散式供水体系、可持续社区为导向的居住模式以及其他一些解决环境和社会问题的方法。

雅加达有一个污水处理厂，位于城市南部的Setiabudi。工厂建于20世纪90年代早期，只能处理将近3%的城市污水。而且，专家估测约有25%～30%流向水处理工厂的河水是不满足未处理水源的官方卫生以及质量标准的（Cochrane，2010）。饮用水公司供给水只能满足大约30%的城市居民，而大多数的居民要从井里提取地下水。然而，随着环境的退化，地下水的质量正在逐渐降低。同时，城市的北部陆地正在沉降，因此城市管理者通过高昂关税开始淘汰地下水的使用。西爪洼查迪鲁胡水库（Jatiluhur Reservoir in West Java）事实上是雅加达的生命线，提供城市60%的饮用水需要，然而，其水质和水量都存在问题。查迪鲁胡水坝的水位极低。2010年，

图5.8 雅加达的一个邻水寮屋居民聚居地
资料来源：Peter Newman.

查迪鲁胡水库的水位已经低于正常水位，所以，淡水提供量只有正常数量的65%。这些因素引发了雅加达的居民不得不思考如何过滤以得到淡水的问题。

雅加达的污水和废水处理也是一个很大的问题。只有3%的地区连接着废水管道系统。世界银行耗资建了一个集中的污水处理厂，但是发现由于城市的过度分散，污水处理厂在技术上与政策上是不可行的（Diani，2009）。然而，为了解决用水以及污水的问题，政府提出了一个隧道污水处理系统的提案，可以将家用污水传送到一个水循环利用工厂。这个工厂可以将化粪池、厨房和浴室的液体污水转化成干净的水体，进而输送到附近的河流和水坝中。这个计划将于2020年实施，第一个阶段解决从Setiabudi（雅加达中部）到鲁伊特水坝（北雅加达）的集中区段70万人（总使用者的10%）的用水问题。第二个阶段解决东部区段，从萨哈里山（雅加达中部）到松泰尔（北雅加达）人们的污水处理问题。接着第三阶段解决西部区段，从帕莫拉到哲鲁克（西雅加达）。这个阶段之后，污水处理系统的处理能力达到25%（Setiawati，2010）。这种模式的污水处理仍然停留在集中式处理的阶段，但是已经引发了疑问，是否分散式会更好呢？

由于缺少一个水体处理模式，供水与水质一直是雅加达一个值得关心的问题。在雅加达，恰当的水体处理方式大多出现在比较富裕的社区，提供小规模的私人用水，方法就是通过处理地下水和废水利用。只要把建立这些地域性系统的廉价且有效的方法示范给世人，这种小规模的处理方法就可以说是一种巧妙解决供水以及水处理的方法，尤其对于雅加达而言更是如此。世界银行组织（世界银行，2012）和其他印尼城市（Newman and Kenworthy，1999）已经提供了一些低费用系统的示范。

利波村（Lippo Village）是一个包含10000个家庭的，面积有3600公顷的村庄，坐落在雅加达的郊区，它的规划是以社区为导向的并且是可持续的。利波村在水体保留和处理方面给雅加达地区提供了一个很好的范例（图5.9）。在村庄中，所有的雨水径流都被收集，保留并且直接流向水塘储存。这些储存水量有助于地下蓄水层重新蓄满。利波村中所有的建筑和房屋都用管道输送淡水，并且与中心废水处理厂相连，在那里，进行水循环再利用再输送到位于社区周边用于灌溉六个水塘中的一个（Cochrane，2010）。Wahyudi Hadinata是利波村庄城镇管理部门的总负责人，他指出水塘的利用是一个对政府来说简单又新颖的概念。利波村实施的水体储存和处理虽然是非常简单的概念，但必须在规划阶段有所考虑。为了在一个更广的城市环境解决问题，Wahyudi建议实施一个政策：所有建筑（至少是新建筑）都必须收集、处理然后使用雨水，同时还要循环再利用污水。这比单纯使用商业用水更廉价。

除了分配式水体处理模式，利波村还提供了一个拥有绿色的环境、以人为本的基础设施系统、免遭洪水的布局，并且是可持续的自给自足的乡镇规划实例。村庄中行人拥有安全的步行环境、骑行专用道路、开放的绿色空间和室外咖啡厅。同时还有一趟班车为往来于利波村和雅加达的人们提供交通服务。

2008年，利波村的城镇管理部门提出了一个可持续的智慧家园计划。住宅可通过屋顶的光电板转化成电能，用地热能源加热生活用水与给空调供能，还包含一个小规模的现场水体过滤和处理系统，也可以更多地利用自然通风、自然采光而减少能耗。

图5.9　展现丰富绿色环境景观的利波村庄鸟瞰图
资料来源：利波村，2012.

利波村的例子明显是为了富人而设计的。这被纽曼以及其他人（2009）叫作"生态飞地"。然而，这个村庄也对雅加达可以在新技术的使用上作了示范。为了将这些措施更广泛地应用于雅加达，仍需要大量的实验性工程以降低成本。

雅加达就像其他印尼城市一样，有许多违法建设区。学者做了很多关于它们的研究，目的是学习它们的做法，因为这些地方通常有着雄厚的社会组织中心，掌握投机取巧的管理水体、能源和废物的方法（Newman，2009）。甘榜科德河（Kampung Code River）是一个沿着印尼雅加达地区科德河（Code River）河岸建于公有土地上的违建区。以前是一个垃圾场。这个违建区容纳了30～40个家庭，大都是工作在附近城市市场的穷人。这些棚户区住宅是用塑料覆盖着的卡板建成的。1983年，政府想要拆除这个违建区，然而，社区主管Wulli Prasetya与一名身为天主教牧师的自学建筑师Yusuf B.mangunwijaya一同说服政府采用更新的方式而非拆除。

关于更新这个违建区存在着很多的担心。不仅受季节性的洪水所限，这个区域还非常狭窄陡峭，是用一面石墙与河水隔开。更新工程旨在改善水质以及固定墙体，向违建区引进了类似下水道的设施，并教化居民，使他们了解清洁与健康的环境的重要性。

工程的第一步就是修缮水体并夯实石墙以抵抗洪水侵袭。为了实现这个目标，通过在河岸边栽种盆栽的本土植物，实施者创造了一个更好的环境。下一步就是通过建立一个社区中心供人们集中讨论并为学龄儿童提供学习空间，使这个建设区正规化。社区中心是用竹子搭建成，废旧的地毯盖在上面，一些当地居民和学生志愿者还在外表面上进行涂鸦。

工程的下一步就是电能转化与污水系统的引入。由于政府大楼公共厕所临近居住区域而距离河流较远，所以这部分完全依赖于政府的支持。过去，从洗漱和厕所产生的水会直接流向河流。为了避免这样造成的环境破坏，政府建设了一个公共化粪池并给新的厕所配置管道和通风孔，以便空气流通。这些厕所产生的污水随后会被收集运到城市污水处理处。第三也是最后一个环节就是向当地居民宣传教育一个干净健康环境的重要性。

现在的甘榜科德河环境变得更好（见图5.10）。虽然这个改造工程规模很小，但在承受压力的同时，其产生的作用和效果是非常巨大和显著的，也为其他存在相同问题的城市作了一个推动性的典范。

雅加达可从这些成功应用小规模提升手段的案例研究中学习借鉴到很多。事实上城市内有很多村庄连成一片，这也为以社区为改造单位的小规模工程可以共同创造一个巨大变革提供了理论框架。

图5.10 代码河聚居地现状
资料来源：自然保护倡议协会，2010.

5.5 孟加拉国达卡

　　孟加拉国的首都达卡也存在很多的问题，比如交通问题、污染问题、可饮用水的短缺、污水处理不当和缺少绿色空间等。但是，也有一些积极的现象表明达卡正在克服其中的一些问题。格莱珉（Grameen）住房工程便是这样的革新工程之一，其目标是在让一些（主要雇佣女工的）工厂变得更加可持续的同时增加绿色空间。

　　孟加拉国是世界十大人口大国之一。它的贫困率很高，大约有6300万的贫困人口，相当于总人口的35.9%（联合国发展项目，2010）。国家经常有自然灾害，像洪水、河流侵蚀和风暴等；每年都有一些人因此无家可归。对于穷人来说，重建和维持抵抗恶劣气候的房子都是很难的。格莱珉住房工程和小额贷款工程（Micro-credit Program）的目的就是解决住房问题（Grameen Bank，1984；2011）。格莱珉住房工程是在小额贷款工程成功之后才发展的，旨在帮助孟加拉国无家可归的居民。

　　格莱珉银行是一个非政府组织，首先开始小额贷款工程，使人们能够建立起一些小企业。在世界范围内，小额贷款工程十分受欢迎，也被广泛地应用（Microfinance Information Exchange，2012）。在这些工程里面，大部分的借贷者都是妇女。通过贷款支持，而不是慈善救助，人们重建了信心，有了健康和幸福感。

格莱珉银行会执行严格的指导方针，这是借贷者必须遵守的，他们必须送小孩去学校，种蔬菜，还要关心小孩子的健康。

小额贷款工程成功之后，格莱珉银行又为无家可归的人发起了一项住房贷款工程。这个计划（以5%的利息）为没有房的银行员工提供250～600美元的住房贷款。还款率将近100%，第一年，每个星期只要还款20塔卡（0.3美元）就可以了，当然如果愿意的话，借贷者也可以归还更多。

这项贷款要求房子必须具有防洪水的功能，要用防水和耐用的屋顶，而且用当地材料建造。格莱珉银行为每个房子提供4根混凝土柱子、18块有瓦楞的薄铁皮以及用弯管和水泥衬管构成的公厕基础。当然也允许借贷者根据自己的能力选择其他的建筑材料。房子严格限制在20平方米以内，并且还要建成矩形形状且四个角有混凝土柱子。房子需要由借贷者自己建造。社区同样可以申请贷款去挖掘深井以便为人们提供饮用水。这些管井可以共同分享，于是建立了一种基础设施分散布局的孟加拉模式。这项工程还获得了阿加汗奖（The Aga Khan Award for Architecture，日期不详）。

服装制造业是孟加拉国的支柱产业，对GDP做出了很大的贡献。它是世界上最大的服装出口国之一。服装产业的主要员工是妇女，这个产业对改善乡村和城市穷人的生活起到了很大的作用。很多的服装工厂都在努力为孟加拉国的持续发展做出贡献，主要途径就是通过可再生能源的利用和减少电力的消耗。

位于吉大港（Chittagong）出口加工区Section 7公司的工厂，沿着屋顶都安装了太阳能电池板和LED灯，工厂的墙面也安装了内部孔穴，让冷水通过，从而使建筑物降温。地下室建了很大的贮水池，可以让雨水就地储存。这些措施都可以减少电能的消耗，尤其是过去用来冷却建筑物的能源。虽然不能完全自给自足，但是这个工厂确实可以称为高效的典范，它不用依靠集中供水，并且也尽可能少地依靠集中电网。

澳洲Medlar Fashion集团位于达卡的工厂已经在服装工人工作的厂房安装了一套冷却系统。在墙的一面安装被流动水覆盖的金属屏，另外一面安装抽风机。这个系统可以让空气通过水屏冷却后进入室内，室温在不开空调的情况下维持比较适宜的温度。此外，工厂使用的电能是由自己的燃气发电机组提供的，这个发电机有一个转换器与当地能源网连接，必要时也可以向电网中提供稳定的电能。像Medlar和Section 7服装厂里的创新案例说明了小规模的、分散的科技和技术可以相互关联并且降低成本。

达卡的绿色开放空间对城市的稳定和生活水平的提高意义重大。迪亚蒙迪湖（Dhanmondi）是达卡最成功的公共空间之一。这个地方是滨水的公共空间，同时在防洪上也起到了很重要的作用。它包括了娱乐休闲和运动的空间，也有一些比较正式的场合例如圆形阶梯广场。"Rabindra Sarobora"是一个体育综合体，有开放的空间（包括妇女专用的）；有食物和饮料供应设施，还有若干人行步道和桥。

迪亚蒙迪湖周边有很多购物中心，精品店、餐馆、办公室、私人机构、中小学和大专院校，吸引了整个城市的人流。人们已经计划如何升级这片区域，以及如何实施一些分布式城市的创新理念。最近在迪亚蒙迪路10A建成的梅根居住区是一个很好的生态住宅的例子，它有绿色的屋顶，还有覆盖绿色植被的屋顶池塘。通过良好的设计和正确的布局，这个住宅区可以利用被动式降温技术和遮阴技术，不仅可以节省冷却建筑所需要的电能，还可以缓解暴风雨的危害。就社会和经济活动而言，迪亚蒙迪湖是一个很成功的案例。如果将来的发展包括环境和基础设施的革新，这个区域就可以称为孟加拉国分布式城市的典范。

达卡这座城市遭受了很多问题，包括供水短缺、破败的公共卫生、空气和水污染、交通拥堵和公共空间的缺乏。对于一个较大规模的城市来说，解决这些问题是很难也很昂贵的。城市可以分成更小区域，而每个小区域可以成为一个自给自足的生态系统。达卡已经采取了措施，实施了上面所提到的一些小规模的工程。我们相信，这些小的创新联系在一起就可以形成完善的解决方案，解决更复杂的问题。

5.6 结论

新加坡的滨海湾、天津的中新生态城、雅加达的波利村，还有印度尼西亚日惹的科德河和孟加拉国的达卡，都为分布城市提供了榜样。分布城市聚焦于小规模分散的基础设施和局部的解决方案，而这些都需要当地有一定的自主权而且有利于增加地方自豪感。现在，一些关于水、垃圾和能源管理与利用的绿色科技也可以应用于这种解决方案。

生态城市

第6章

6.1 前言

"亲生态性"的字面意思是"对我们生态系统的热爱"。这一术语是由爱德华·O·威尔逊在他的《亲生命性》(1984)一书中推广的。他将其形容为人类与自然之间一种天生的亲和力。他强调人类与自然密切相关,因此在每一天的生活中都需要它。蒂姆·比特利将这一理念应用于城市,并试图找到他所说的"自然的每日定量"。生态城市也因此让景观绿化渗透到建筑内外、墙壁和道路等每一种建筑环境元素中(Beatley,2011)。

生态城市规划的重要性在于,它为密集型城市提供了再生自然和创造更加自然的城市系统的可能性。全球规划界在看到原油、气候、健康、经济等诸多方面的启示后逐渐认识到,防止过度汽车依赖的需求是一件大事。(经合组织,2012;Newman et al.,2009)。但是这一政策对于自然系统参与的需求,威胁到了建设紧凑型城市的价值根基(Newman and Jennings,2008)。原本用来改善城市绿化、增加城市吸引力的生态都市主义,究竟能否成为一种方式有效利用资源的方式呢?

高楼林立的特大城市群开始逐渐兴起,对于将自然引入城市的全新方法的需求从未如此凸显。特别是在亚洲,这里通常除了草和混凝土外,就很少有其他东西,生物多样性的丧失过程在这里急速上演(联合国环境规划署,2012)。

新加坡使用规划手段花了很多年时间克服了亚洲高层塔楼综合征,主要是实现了其近期对生态城市主义的许诺。现在它已成为了这一新型城市建设方法领域的引领者(图6.1)。本章主要回顾生态都市主义在新加坡的运用,介绍新加坡当下正在发生的变化,并且对亚洲其他一些亲生态性城市的案例做一些研究。

6.2 新加坡①

1965年独立的岁月至今,新加坡一直在努力实现"花园城市"的愿景。许多活动的举办和口号的提出,都是用来教育公众关于保持城市环境清洁和绿色的重要性。作为1963年"清洁绿色"运动一个环节,当时的总理李光耀发起了植树造林运动,目的就是改善空气质量和推广"花园城市"的愿景。为了证明成为亚洲模范的花园城市的重要性,李光耀将国家公园(NParks)列入了国家发展计划的一部分,

---

① 新加坡这个故事被拍成了一部电影:P·纽曼、T·比特利和L·布拉格(2012)《新加坡:生态城市"影片"》,科廷大学可持续发展政策研究会(CUSP)和国家可持续环境建设研究中心(SBE),可以在http://www.youtube.com/watch?v=XMWOu9xIM-k获取。

图6.1　新加坡花园城市
资料来源：Peter Newman.

成为新的城市-国家政治议程的核心。国家公园现在已经成为新加坡生态城市创新的主要推动力。（国家公园委员会：2012b）。

随着经济的发展，新加坡人对于更好的生活环境质量与美观休闲空间的期许越来越强烈了。此外，人们越来越意识到环境保护的重要，导致了对于"花园城市"模型的反思。这直接产生了"新加坡绿色计划2012"，目标不仅是清洁绿色，而且上升为环境可持续性。同时"花园城市"也升级成为"花园中的城市"（图6.2）（环境与水资源部，2002）。

在2012年世界城市峰会上，总理李显龙进行了概念解释："下一阶段，我们的目标是建立一个'花园中的城市'，将绿色空间和生态多样性带到我们的门前"。这一特色似乎超越了简单的景观建筑和公园保护区规划：它意味着像建筑之间需要留出绿色空间一样，建筑物本身、道路和混凝土其实都可以作为潜在的绿化场所。

下面陈述的这个新加坡生态城市主义的例子表明，在生态城市方面它尝试做到两个方面：不仅在建筑物之间，也在建筑立面上创造更多的自然系统。这可以更好地帮助人们理解，亲生态性概念中的一部分是如何在新加坡实现并成为全球最佳实践案例的。

图6.2 从"花园城市"到"花园中的城市"
资料来源：新加坡政府。

6.2.1 建筑物之间的生态城市主义

6.2.1.1 区域计划

新加坡绿色计划2012（SGI）启动于2002年，是新加坡政府关于环境可持续构想的蓝图（图6.3）。它的最主要组成部分之一是保存自然，不让发展的干扰取代自然区域，通过生物多样性调查、新公园的建立和公园连接体系（全岛的线性公园、步行小径网络连接主要公园和其他领域，将在下文讨论）建立等方式提供本土动植物信息。此外，这座城市建立了一个国家生物多样性参考中心，还结合联合国生物多样性公约推出了新加坡生物多样性指数，用来量化在世界各城市的生物多样性程度（联合国环境规划署，2012）。

新加坡能够承诺实现更大的区域自然系统，其基本原理是提高生物多样性，减少城市热岛效应，改善户外活动的热舒适性，进行减少雨水流失的水资源管理并且努力减少建筑能源消耗（Yok et al.，2009）。

6.2.1.2 街景计划

在主要道路上创造连续的树冠遮阴，这一做法是"花园城市"构想的支柱，景

图6.3 2012年新加坡绿色计划
资料来源：环境与水资源部，2002.

观绿化总体规划（SGMP）关心的是：在跨越区域的路段上，扩展整个地区的识别性和物理景观的位置感。其目的是在整个岛屿创建一个"无缝的绿色外套"。基于生态系统类型有如下五个独特的景观处理手法：公园路处理法、通路处理法、沿海处理法、森林处理法和乡村式处理法。SGMP提供规划设计指导方针，以实现新加坡公路和街道的多元化（图6.4）。

新加坡国内提出了保存更加风景化和可识别性更高的沿途植树道路的需要，尤其是对于其中一些成熟树木的保护。这一需求在2001年的继承道路和继承树木计划中得到了表达。当前传统公路主要位于五个领域：阿卡迪亚路、林厝港路、万礼路、山的路和南波那维斯达路（图6.5）。并且还有扩展诸如上汤普森林荫大道一类的传统道路的想法，目的是带来更多的影响。

6.2.1.3 公园连道

公园连接器网络（PCN）是一个覆盖新加坡全岛的全民网络线性公园，连接主要的绿色区域和目的地（特别是住宅位置）（国家公园，2012）。PCN使用集成"绿色植物、保护、教育和娱乐"的手法，目标是在2015年建成一个全岛超过300公里的绿色连接器网络。这个计划目的是实现步行或骑自行车穿越公园走遍整个新加坡（图6.6）。截至2012年，200公里的PCN已建成（国家发展部，2012），并且一个新的大规模的南北连接器也已计划开建，沿着平行于跨地区的老铁路的方向。这将连接

图6.4　新加坡美丽的连绵的行道树树冠
资料来源：Peter Newman.

图6.5　继承的传统道路
资料来源：Peter Newman.

图6.6 新加坡的公园连接网络
资料来源：Peter Newman.

起这座岛屿城市的中央商务区（CBD）和全部主要的城市绿色空间。

PCN优化使用排水预留地、海滩和道路储备等未充分利用的土地储备，将之变成遮阴的绿色走廊，满足步行者和骑车人娱乐和连接交通的需要。这些案例之一是西部环状公园连接系统，连接8个小公园。公园连接系统为人们提供了丰富多样的娱乐活动，并且对动植物物种提供有效保护（例如，550种蝴蝶和鸟类物种在这里被发现）。

新加坡植物园（由莱佛士建立，其前身是培育基地）是一个开创性的机构，设计是为了创建人们与公园的联系以及增加人们保护本土和当地生态环境的知识当地的生态（图6.7）。

6.2.1.4 园艺文化公园的亲生物研发

园艺文化公园位于南岭公园，是东南亚第一个园艺和生活方式中心，也是新加坡唯一的园艺主题公园。该公园以保护自然和生物多样性为责任，吸引人们通过娱乐、教育、研究、商业和自然发展等方式与大自然亲密接触。

成立园艺文化公园（HortPark）是为了使用绿墙和绿色屋顶进行演示和实验，以促进生态都市生活方方面面的发展。各式各样绿墙的事例奠定了规划师、设计师和建设者的工作基础，他们在其中尝试如何展示新加坡的生态都市主义（图6.8）。

图6.7　新加坡植物园
资料来源：Peter Newman.

图6.8　园艺学公园在绿墙上进行设备的研发
资料来源：Tim Beatley.

特别是在新加坡2003年以来的发展背景下，国家公园对绿色墙壁和绿色屋顶进行了许多研究工作，使其在城市中得到了积极的推广和落实（Yok and Sia，2008年）。

6.2.1.5 水源管理计划的ABC

新加坡公用事业委员会（PUB）追踪雨水走向并且建造了穿过城市的混凝土运河，以实现重要的洪水管理功能。他们现在要通过整合水体、运河与公园绿地而达到亲生态性的标准。ABC［活跃（Active）、美丽（Beautiful）、干净（Clean）］总体规划的目标是达成使水快速接触地面的处理方式（水一接触地面就开始处理），使新加坡的集水区、水道、湿地以及生态沼泽的水质更好，外形更美观，以吸引人流，提高社区品质。他们还将生物多样性提高为一个重要的生态功能。

ABC主计划的一部分是璧山公园的改善，该项目将与赫伯特·德利斯特尔（Herbert Dreisetel）的团队进行合作。它是第一个将混凝土河道重新转换为河流的生物工程项目，说明如何通过敏感的城市设计实现生态城市（Mouritz，1987）。植物、景观和创新工程在热带气候中的结合已经成为新加坡的标志，也成为亚洲城市中的典型热带生态设计案例。

混凝土运河（图6.9）归化收集的做法是拆除运河和地面之间的界限，然后使用分散的混凝土作为景观的一部分。重新栽植树木以在雨水流入河岸之前将其过滤。这些归化水路为家庭提供游憩场所，并且用自然的方法使水流慢下来。紧急照明设备和警报系统沿着收集设施连接到智能控制系统，使得任何时候风暴威胁洪水水道

图6.9 古老运河中的混凝土回收再利用到新加冷河，新加坡
资料来源：Peter Newman.

时，都可以将其方向清晰地报告给公众。生物多样性经测量也已经得到显著提高，并且公园每年接待当地游客300万人次。

6.2.1.6 社区花园

社区蓬勃计划始于2005年，旨在帮助和培养居民、工人以及学生，为他们所在社区的园艺营造做出贡献。这项计划由镇议会和房地产开发董事会、人民协会、国家图书馆董事会、非政府组织和私营部门合作提出，而新加坡的园艺网络系统则包含公共和私人住宅区社区园艺组织、教育机构和组织、慈善机构、宗教场所、社区俱乐部、公司和酒店。

计划主要是应对社区团体与自然的日常接触的需要。国家公园的工作人员建立了一个小组，并确定由谁来领导。他们一起寻求资金和志愿者，建立花园。目前新加坡有480个试点。越来越多的组织正致力于粮食生产，并且常常在建筑的顶部进行。

6.2.1.7 滨海花园

崭新的、标志性的花园正在滨海金沙湾进行建设，这就是港口花园。其中含有一些特别的自然系统，包括花费10亿美元建立起来的再生海滩。"超级树"和展示区域都设计得具有教育功能，告诉人们自然系统和周期是如何运作的。作为大自然嵌入城市中的一个象征，它们十分具有戏剧性（图6.10）。

6.2.1.8 它们都是怎样工作的？

可以通过两张卫星照片比较出新加坡从1986年到2007年建筑物之间绿化活动的整体变化。尽管人口增加了70%，但绿色的树冠覆盖也增加了20%。随着社区花园

图6.10 新加坡海湾花园的超级树
资料来源：Peter Newman.

逐渐移向建筑屋顶，我们越来越能感觉到，新加坡生态都市生活的下一个主要阶段将在建筑物的外墙：绿色屋顶、绿色墙壁和绿色阳台上进行。

6.2.2 生态城市主义在建筑外墙的体现

新加坡的生态城市主义景观建筑在公共和私营部门均有所体现。这个计划已经被引入规划法规中得到加强，对绿色植物栽植（在建筑里和建筑顶上）提出了要求。Skyrise绿色首创组织对都市主义进行资助和补贴，同时建筑和建设局（BCA）通过绿色标记计划评估新发展的可持续性。

规划法规

新加坡有很强的规划体系与区域结构计划，创建了公园体系和连接系统。同时也建立了当地的法定计划和指导绿色建筑建造数量的导则。在中央商业和购物区如乌节路，现在要求新的或翻新的建筑物必须保证整个建筑投影或覆盖区域均有绿色建筑空间；这必然使用到绿色屋顶、绿色墙壁或绿色阳台。这样一来，无论在多么密集或忙碌的建筑环境中，整座城市都能与大自然联系在一起。

摩天大楼绿化行动

为了在生态城市主义调整的早期阶段协助业主和开发商，新加坡政府已经设立了一个Skyrise绿化行动计划（SGIS）。采用了一系列改革手段，例如绿色屋顶等创新技术和绿色墙壁。国家公园评估所有提案并承担增加这些绿色计划带来的一半成本。在该计划下，2009~2011年期间55幢建筑被授予补贴。起初，绿化的成本大约是150新加坡元/平方米，两年之间已经下降到100新加坡元/平方米。下面的几个案例是对已经得到SGIS补贴的绿化建筑的研究。

绿色标记方案

BCA绿色标记计划于2005年推出，作为绿色建筑领域努力成果的一部分。该计划的目的是指导建筑行业向更加环境友好型的方向发展，并评估施工过程中的结构、材料使用和性能（室内质量和能量的消耗）。绿色标记方案涵盖各种住宅和非住宅建筑项目、建筑装修、办公室内部、新的和现有的公园、基础设施、区级项目和海外项目。绿色标记方案正逐渐将生态元素纳入其评估系统中。

6.2.3 绿化建筑的案例研究

a. Six Battery路——已有建筑的绿化

Six Battery路是一个位于莱佛士坊的高层办公大楼，俯瞰新加坡河。开发商CapitaCommercial强调要加强建筑的性能，使其更加绿化。

为了实现这个目标，开发人员试图应用一个高效的制冷设备。冷水机组机房系统重新设计后效率提高30%，能源效率提高25%，同时拥有一个自我维护的绿墙。标志性的184平方米的绿色墙是新加坡安装在办公大楼里的最大的绿色墙（图6.11）。这座绿墙利用雨水收集系统在其上形成一个自动灌溉装置。绿墙是由帕特里克·布兰科（Patrick Blenc）设计的，并在巴黎、伦敦、马德里和悉尼等城市帮助建立新的生态设计元素。这个建筑利用风力涡轮机为绿化墙的灌溉泵和照明提供能量。这个建筑有一个传感器系统，可以监测停车场空气中一氧化碳的值。当一氧化碳的值提高到一定程度时，这个系统会提供新鲜空气。此外，停车场通过使用太阳能光管来利用自然光，并为混合动力汽车和电动汽车提供专门的停车位。一个展示实时监控能源和水使用和节约情况的"绿色空间"对公众开放，提供了一个为租客和游客强化意识的教育角。

b. 共和国理工学院——公园里的学校

共和国理工学院是一个开发项目，从开始到完成都集合了可持续性。它的发展目标之一是营造一个愉快的环境，让住户可以在现在和未来欣赏自然，符合政府的意愿，把新加坡从一个"花园城市"变成了"城市在花园中（花园中的城市）"。

图6.11 大堂区域的绿墙
资料来源：Six Battery Road，2011.

共和国理工学院故意使校园与区域公园毗邻，校园在次生林中，从而使自然融入校园。通过区域公园和校园之间的慢跑小径、绿色和软质的定义边界，将区域公园和校园连接起来。

共和国理工学院校园里的其他因素也有助于形成生态概念。它提出了一种缜密的计划，目的是保持尽可能多的现存绿色植物。在这一过程中，44%的区域面积是由绿化构成的。为了绿色植物的增长和代谢，空旷的区域被重新种植，以集合校园的自然环境。校园还包括一个屋顶花园和一个垂直的绿墙，它们位于一个由长在藤蔓支架上的爬山虎组成的多层汽车公园上。这个开发项目还利用可回收的建筑材料，包括回收生物晶片来施肥。建筑管理系统监控工具的使用，确保了能源消耗的最优化。通过它的生命周期，建筑每年可以节约175000千瓦能量和11500千瓦光伏能源。

c. 牛顿套房

牛顿套房是高层垂直绿化墙体住宅的一个范例。建筑通过外部绿墙、公共空中花园和拓展到36层的垂直绿化，整合形成了一个郁郁葱葱的绿色环境（Chiang and Tan，2009）。设计是由WOHA的建筑师设想出来的，试图推进"热带"高层住宅模型的概念（图6.12）。绿色植物变成了建筑材料。在这一过程中，建筑的绿化面积是总面积的130%。这个进展证明了"有土地和绿色空间在天空中"的生活概念，被授予了SGIS补贴，并且赢得了2008年新加坡建筑师学会（SIA）的"NParks Skyrise"绿色奖（Chiang and Tan，2009）。

d. 樟宜机场三号航站楼——景观的建筑

樟宜机场是这座城市的入口，被视为一个展示生态创新的机会。樟宜机场三号航站楼反映出新加坡的愿景是"城市在花园中"，通过展示一个室内建筑景观环境，这个环境通过建筑技术、自然照明和一个活化绿墙的结合而产生。航站楼的特色是有一个15米高、300米宽的垂直绿化花园墙，里面有在热带雨林中发现的20种攀缘植物，在装载在钢构架上的种植盒中成长（Chiang and Tan，2009；图6.13）。绿化墙有助于在建筑和花园、建筑和景观之间创造无边界的生活空间。绿化墙不仅绿化了航站楼，还给这个地方增加了一个独特的标识（ARCPROSPECT国际基金会，2011年）。

e. 邱德拔医院

邱德拔医院（KTP）坐落于新加坡的义顺，拥有全新的550个床位的一般性和应急性设备，于2010年6月开始营业。它是世界上第一个生态医院，是用这些从一开始就计划好的设计建造的。

这个勇敢实验的前身是历史更悠久的亚历山德拉医院。KTP医院的首席执行官Liak Teng Lit解释说，他被要求接管亚历山德拉医院，但却发现它的建筑和整体环

图6.12　牛顿套房的外部视图
资料来源：Tim Beatley.

图6.13　樟宜机场航站楼的绿化墙意向
资料来源：Peter Newman.

境非常令人昏昏欲睡、单调和乏味。于是他决定任命一位首席园艺家Rosalind Tan，一位在医院中与社区有着良好衔接的职业治疗师（OT），并且给她使用志愿者（包括退休的植物学教授）绿化医院的任务。三个月后这个地方变得越来越好，员工开始志愿贡献出他们的时间。绿化包括创建一个药用花园和一个包含水景的芬芳的花园。鸟和蝴蝶开始返回，他们设定了让100种蝴蝶回到这里的目标。经过三年的绿化，102种蝴蝶回来了。正如Liak Teng Lit所说，这是一个从"闹鬼的医院"到"一个蝴蝶花园的医院"的转变。

当新加坡政府开始计划建立一所新医院时，他们请求Liak Teng Lit指导这一过程，并将"蝴蝶魔法"带到新地点。出身CPG的年轻建筑师Jerry Ong接受任命，尽管他对生态设计一无所知，但很快就学会了。

新的KTP医院的特征是一个绿色屋顶，它的建成能够承受额外的重量，可以种植蔬菜、果树（140种）和香料，由当地社区员工来管理（图6.14）。花园的产出在医院食堂中贩卖，贩卖所得用来支付花园的任何花费。

Jerry Ong简洁地回应了设计，即通过构建绿墙、绿色阳台和多层次的花园（包括池塘中的92种鱼类）创建一个"在花园中的医院"，这样每个病床和办公室都被拥有"治愈性外表"的植物包围（图6.15）。改善治疗的证据尚未得到充分分析，但是所有传闻的证据都指出，人们在KTP医院里身体的恢复速度更快、心情更快乐。当人们处于宁静的环境时，血压和心率都会下降。

图6.14　新加坡KTP医院里的屋顶花园
资料来源：Peter Newman.

　　这家医院如此受大众的欢迎，以至于学校和社区组织他们定期到KTP医院旅游；人们只是坐下来，享受着像花园一样的空间，学生也把自己的笔记本带来，在这里学习（图6.16）。

　　至今为止，KTP医院发现了32种蝴蝶和24种鸟类在这片绿色空间中定居。绿色屋

图6.15　新加坡KTP医院里的植物视野
资料来源：Peter Newman.

图6.16　新加坡KTP医院，在学校小组中很流行
资料来源：Peter Newman.

顶和景观区域捕捉和再利用了大约12%的雨水径流。KTP的能源消耗比同类新医院减少30%，每年节省100万美元，但从生态元素中得到的健康生产力将远远超过这个数值。

f. 塞西尔街158号

AgFaca设计所的建筑师Kelvin Kan面临着一个现实的问题——新加坡一幢14层商业建筑未能吸引租户，因为用来减少阳光的前立面显得丑陋和不切实际。他的解决方案是创造一个像"空中花园"的绿化墙，将现存结构掩饰起来，并创造新自然通风的绿色空间，停止通过阳台连接办公室和新空间（图6.17）。

塞西尔大街158号的绿化墙由350平方米和更远的70平方米的阳台上悬挂的13000株植物构成。它代表了135%的建筑层绿化（不包括悬挂植物）（自然和生活景观论坛，2011）。由此产生的绿色柱列、绿色墙壁和绿色阳台是一个惊人的成功。不仅因为绿化墙成为蝴蝶和鸟类的家，它同样也是一件艺术作品。从底部向上看，绿化墙像一个大教堂（图6.18）。只要租户开始注意到被建造的绿化墙，他们的注意力就会从办公室转向被创造出的绿色空间。当"酷"公司选择落户于这个新空间时，商业出租空间的价值就会急剧上升。建筑的所有者对他们资产的复苏感到非常满意（自

图6.17　塞西尔街158号，在立面里
资料来源：Peter Newman.

图6.18　塞西尔街158号里的绿化墙
资料来源：Peter Newman.

然和生活景观论坛，2011；东南亚建筑，2011）。

　　设计的一个重要特征就是墙上的每一部分都易于到达，每种植物都可以逐个更换或护理，它们分别在各自的陶器中得到灌溉，因此维护是很容易的。

　　g. 后港小学

　　生态城市主义需要渗透到建筑环境的所有部分，包括像学校这样的机构，使它们能够成为未来的模范。新加坡的后港小学表明了生态创新可以以非常低的成本由孩子们来做实验。

　　科学老师Mohan Krishnamoorthy对绿化墙非常着迷，想知道他能否在学校也做一个，所以主动去巴黎和伦敦观察Patrick Blanc的工作。他发现了一个简单的技术，一个木制的基础可以用一个布毡固定在土地的裂缝及周围；植物可以将这些袋子切开并灌溉进去，绿化墙开始增长。

　　完成这个实验后，他确信学生们同样能做到，于是2011年7月的一天上了一堂特殊的科学课，建造一个绿化墙。结果是美化了学校并为学校增添了许多功能，这所学校已经有了一系列的花园为教学之用（图6.19和图6.20）。学生们对于绿化墙感到

图6.19 后港小学里的绿化墙
资料来源：Peter Newman.

图6.20 后港小学里的花园
资料来源：Peter Newman.

自豪，学校也迎来了很多游客，游客们离开时都相信，他们也能制作一个绿化墙。

这个案例研究的重要性在于，它表明了生态都市主义并非如此困难或昂贵，而是任何人都可以做的，前提条件是，只要有生态思维。

6.2.4 新加坡的结论

新加坡是一个很好的生态都市主义的例子，在这里绿色区域和绿色建筑的发展展示了城市中自然系统的再生。新加坡模型的重要性在于，其他许多亚洲城市开始复制其方法，并使其高密度的都市风格通过一个更自然的方式表达出来。新加坡很快实现了这一目标，这是它献身于城市规划的创新所带来的礼物。它已经证明了生态都市主义的规划管理和规划战略可以带来高效率与强大的社会支持，这个理论很快成为主流。政府的激励和研发措施都是确保创新变革诸多措施的一部分，而政治的领导力可以驱动一切。下一阶段生态都市主义的发展将对拥有截然不同气候条件的城市应用相同的原则，并且像新加坡等发达城市一样，将评估和量化各方面的收益作为城市进程的主流，这些收益主要针对能源、水、美学质量、人的升值和经济学而言。

6.3 其他亚洲城市

6.3.1 简介

并不只是新加坡，许多其他亚洲城市也在追求生态的浪潮，或将自然融入发展中。本节讨论的案例来自其他亚洲城市，例如：

- 绿色电车，日本鹿儿岛；
- 城市农业，印度孟买；
- 清溪川河和公园，韩国首尔；
- Michael Sorkin的概念作品；
- 马斯达尔城市中心；
- 亚洲海上交叉口（ACROS）日本福冈县国际厅。

6.3.2 绿色电车，日本鹿儿岛

鹿儿岛市是九州岛最南端的主要城市，也是日本鹿儿岛行政区的首府。这座城市已经使用了一种新的绿色电车，使用两个老旧的有轨电动汽车运行。有轨电车的环境效益是显而易见的：它们使交通中的私家车数量减少，减轻了交通拥堵，而且相对于同类电动车，电动列车更高效，产生的空气污染更少。在鹿儿岛，有一种叫

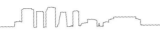

美岛绿的火山石，将它刨光后作为花园和草坪的基础，是非常有价值的。这样做之后，它会发荧光，而且总是让绿色苗壮成长。鹿儿岛当局意识到如果将绿色的美岛绿放置在道路的周围和下方，它不仅能改善道路的外观，也有助于减少现有的混凝土和石板路造成的热岛效应。道路的绿化也可以使温度大幅下降。如今，该城市的绿色植物已经覆盖了约3公里的小路，并有望在2012年超过9公里。

在日本，市长和其他当地行政高级领导正寻求引入下一代轻轨运输（LRT）。鹿儿岛已证实这可以通过人的求生本能来实现。

6.3.3　城市农业，孟买

为满足城市居民的粮食需求，世界上大约有8亿人口从事城市农业生产。据作物审查网站的主编本·巴雷哈说，到2025年，超过1000万人口的城市将增加到29个，每个城市每天至少需要6000吨粮食维持运转。此外，他还强调低收入的城市居民将大量的收入花在食品上，而贫穷国家最贫困人口的食品花费占收入的比例高达50%–70%（Bareja，2010）。然而，由于城市化的缘故，随着城市不断扩张，农业用地或城市周围的田野正成为城市地区的一部分，并且往往变成居民区。尽管可用于农产品生产的土地减少了，但人们对农产品的需求却增加了。这导致人们不得不从其他地区进口更多的食品和谷物，使该地区的生态和碳排放量不仅增加了，而且对于消费者而言，通货膨胀问题更严重了。

由于城市化水平比1991年高出2.1%，孟买正大范围地面临以上问题的挑战。作为印度最大的城市群，孟买大都市圈拥有1640万人口。政府当局已经开始关注诸如粮食生产用地不足的问题，并努力着手解决此类复杂难题。有两则关于当局通过在城市里推广城市农田探索解决道路的案例，分别是孟买的铁道局和该地区的许多非政府组织（NGOs）所作的努力，包括多西博士在由儿童维权组织（OPCR）提出的城市农业运动和学校农场项目中所作的贡献。

最近铁道局提出"生产更多食物"的计划，规定铁路用地为特定集体中的铁路雇员共同所有，用来种植蔬菜和谷物。该运动在西线维拉尔的运作尤其成功，那里蔬菜和草药的种植已经持续发展。虽然孟买沿铁路线的城市农田仍很零散，但该项目有进一步扩大和在孟买其他地区实现的巨大潜力。

多西博士是住在孟买的一名知识分子，专长是研究基于城市土地的耕作方法，这些方法能让人们在狭小的空间，如露台和阳台上种粮食。这些方法都致力于实现低成本、少修护、少器材的目标。多西博士的平房位于孟买人口众多的地区之一，他能在屋内的露台上种植许多不同的蔬菜、豆类、水果和谷物，并收获了诸如芒果、番石榴、香蕉和甘蔗等。多西博士引领的创举已被孟买的一些家庭和邻近的普纳所采用。该项目和印尼茂物的哈里·哈森诺·阿米尔（Hari Harsono Amir）的城市生态项目类似（见：Newman and Jennings，2008）。

由艾德丽安·塔达尼（Adrienne Thadani）和凯伦·彼得斯（Karen Peters）发起的孟买城市农业运动致力于传播知识并鼓励人们在自家种植粮食和草药。艾德丽安·塔达尼和凯伦·彼得斯在孟买中心（一个社交网络论坛）上开辟了露台花园专栏，并授课帮助人们了解城市农业的基础知识。

在孟买的OPCR组织为街头儿童开展了一项城市农业运动。该运动在城市学校里开辟农场。通过这些农场，OPCR组织为街头儿童提供了专业的食物生产培训，而且他们能在批发市场售卖诸如鲜花、水果和蔬菜等农产品，获得收入。该运动致力于为街头儿童提供经济援助，以此美化城市景观并为城市居民提供本地生产的有机食品，且强调了城市农业的生态效益和社会经济利益。

图框6.1　印尼的永续栽培

1970年第一个五年发展计划期间，印尼引入的绿色革命技术（如化肥和农药）使其离粮食生产尤其是大米的自给自足更近一步。然而，在20世纪80年代，印尼的稻米产量下降，主要是因为害虫产生了抗药性，祸不单行，印尼开始遭遇由农药使用和基因多样性减少（主要是作物种）引起的大面积的土壤和地下水污染。为应对这些问题，印尼进口稻米，禁用某些农药并引入有害生物综合治理、森林再造项目。不幸的是，这些项目不尽如人意。当地居民便开始寻找其他方法。永续栽培的方法便提供了一种选择。

永续栽培是一种集约的农业形式，它利用了一系列的植物和动物物种，有机害虫治理和通过堆肥和蚯蚓保持土壤活力的措施。永续栽培花园有丰富的生物多样性，模仿了物种的自然分层现象。一种叫作乌木鸣响的类似方法，对西爪哇省的巽他人来说并不陌生，因为这里正处于由迁移农业向永续农业转型的过渡状态。

一项由哈里·哈森纳·阿米尔经营的旨在利用和结合永续栽培和鸣响的复原项目，在20世纪90年代开始于西爪哇省的苏加武眉。该项目致力于恢复土壤生产力和当地农民的生计。苏加武眉是一个摄政大省，土壤贫瘠，人均收入低。该地区的生计主要源自茶、咖啡和橡胶种植园，然而，随着许多种植园难以继续独立经营，单一农场便取而代之。通过永续栽培项目，阿米尔为农民提供了当地的植物和动物物种，包括各种各样的鸡和药草、竹子、软木和硬木，这些都生长在茂物的郊区土壤上（图6.21和图6.22）根据一项倡议，该项目为115个家庭提供了452只当地不同品种的鸡。

　　该项目取得了不同程度的成功。一些参与项目的农民相当成功，有些人甚至建立起自己的事业，如堆肥生产。遗憾的是，参与项目的60％的农民没有选择继续生产事业。很多人是贫农，他们不得不消费或售卖自己的农产品，所以永续生产难以

图6.21　哈里·哈森纳·阿米尔在他的永续栽培园里
资料来源：Peter Newman.

图6.22　印尼西爪哇省苏加武眉的一个村庄，为建设乡村经济，这里将珍稀物种重新引入。
资料来源：Peter Newman.

建立。其他人则发现自己的农产品由于受到市场限制，阻碍了收入来源。尽管该项目不是很成功，但得益于其创造的机会，永续栽培技术和更可持续的生产当地粮食的方法才得以实施。这些机会包括为农民提供贷款的农业合作社、生态旅游潜能和小规模的家庭工业。该项目证明了城市地区可以促进当地生态发展并保护当地的生物多样性。

资料来源：Amir, 2000; Newman and Jennings, 2000.

6.3.4 清溪川河和公园，韩国首尔

随着韩国首尔的城市规模不断扩大，江南区（首尔南部）发展成繁荣的新市中心，而江北区（首尔北部）的原中央商务区却日渐没落。为了变得更有活力，更宜居，原中央商务区需要振兴。导致原市中心没落的一个主要原因是清溪川高架公路以及清溪川河的消失。

早在2000年年初，一版关于江北区的振兴规划就被提出。该版规划旨在让该区复兴成结合了首尔所需的历史、文化、金融、商业和旅游的生态友好型市中心。清溪川河的复原成为象征市中心振兴和首尔转型成生态友好型城市的试点项目。这项举世瞩目的事件更令人不可思议的是，当负责清溪川高架公路建设的领导当选首尔市长后，他决定移走高速公路，而这个人正是韩国的现任总统李明博。

清溪川高架公路的拆除开始于2005年。高速公路拆除后，所有的废铁、废钢以及95%的混凝土和沥青被回收利用。作为一个步行公共空间，清溪川被设计成一个沿河两岸都有人行道的人与环境友好相处的空间。此外，为减少排放，一项新的交通方案出台用来降低车辆的可达性并改善公共交通（图6.23）。

如今，清溪川复原计划已为生态溪流重新引进213种植物、鱼类、鸟类和其他生物体。复原计划也改善了周围环境的空气质量、水质、噪声水平和热岛效应。该项目的成效数据均列在表6.1中。

最后，清溪川项目也在城市里创造出一个更宜居的环境，为人们提供了一个可以抛开日常工作生活的神奇地方。考虑到气候变化的严重性，在清溪川河复原取得成功后，首尔市政府（SMG）于2005年成立了一个负责相关气候变化工作的全球性环境团队。

为把政府的创造环境友好型城市的职责付诸实践，首尔市政府通过改变现在的办公地址（受污染地带）发起几项扩大首尔公园和绿地的项目。仙游岛公园和兰芝岛（Nanjido）世界杯生态公园改造项目、汉江复兴计划和首尔美化计划都见证了政

图6.23 清溪川河复原图
资料来源：Peter Newman.

清溪川河复原对环境和生态的影响   表6.1

环境	
空气质量	二氧化氮：69.7～46.0ppb（2006）
	PM10：74.0 to 48.0$\mu g/m^3$（2011）
	BOD：100～250=1～2ppm
水质	一天之间从73.8dB减少到62dB
噪声水平	减少5℃以上
排风通道	平均风速增加50%
生态	
鱼	5～25种
鸟	6～36种
昆虫	15～192种

资料来源：国家科学研究中心和2010年联合国生物多样性公约；Lee，2006；联合国人居署（UN-Habitct），2012。

府职责的兑现。此外，为实现"低碳、绿色增长"，韩国在2008年提出了国家战略和五年计划。

汉江上的仙游岛曾是一处污水处理厂。2001年处理厂关闭，之后经过两年仔细的规划和复原，仙游岛变成了一个生态公园。如今，该公园通过保留之前处理厂的结构，使工业元素和新景观的结合毫无违和感，这正是它的景观特色之一。以前用作处理污水的洗涤槽成了水生生物和可净化水质的水生植物的家园。

位于首尔和汉江中心的那座岛屿曾污浊不堪、与世隔绝，但现已成为吸引本地居民和游客的旅游胜地。兰芝岛世界杯生态公园的位置曾是汉江边上的一处垃圾场。该处被改造成一个以文化、艺术、休闲和运动为特色的生态友好型的旅游景点和公园。它将被规划成首尔环保城市美化工程的圣地，并将包含一项为环境保护和可再生能源的公共关系学提供场所的"零能耗房子"计划，以及可为公园里公交提供氢燃料的"氢气站"。该理念是为了将此公园变成一个世界级的环保主题公园，兼具游乐和环保。

6.3.5 迈克尔·索尔金的生态城市理论

这部分阐述了迈克尔·索尔金的部分生态城市设计理论。这些是在高密度建设日渐盛行的背景下，要求建设环境和景观同步规划的典型理论。

槟榔屿项目便是一项基于多用途城市发展概念的规划。该区域提供了住房、办公空间、商业空间、医疗设施、一座会议中心、一处交通节点、一座音乐厅和学校、大学用地、丰富的娱乐设施。此理念是最佳环境实践的一个典范。这幢建筑不仅是外观环保，而且将通过在水资源和垃圾管理上完全自立来实现环境友好。该理念的核心内容是架设在新佩纳外环道路上的一座陆桥与槟榔屿山脉相连的占地20公顷的公园。公园被连接到Kudalari车道上的住宅包围，该车道是城市的主要零售和商业林荫大道。

6.3.6 马斯达尔城市中心庭院

最近的生态概念创新提出，我们不仅要整合自然要素，而且要仿造能适应气候变化和温度的自然要素。仿造自然要素的术语叫仿生学。最近的关于仿生学的一个例子是，在马斯达尔城市中心庭院使用的太阳能遮阳设计。

马斯达尔城市的庭院设计是为了充分利用自然气候和其所处的沙漠环境的优势。马斯达尔中心的结构已被熔岩派建筑师设计成向日葵状，称为太阳能百叶窗，能像向日葵那样开合，在日间提供遮阴，晚间关闭让热气逸散，使该地区用夜晚气流自然降温。

建筑师称这些百叶窗为"天上花瓣"，它们和城市的其他特征将把居民吸引到这片生命绿洲来。太阳能百叶窗见图6.24。马斯达尔城市采用传统的狭窄街道对角分布百叶窗，以获得夜风，在城市里形成通风走道（图6.25）。与周围地区相比，该城市的温度要低得多。

6.3.7 福冈县亚洲海洋十字路口国际大厅

亚洲海洋十字路口县级国际大厅（ACROS）是位于日本福冈县的一栋多功

图6.24　夜间马斯达尔城市中心庭院的太阳能百叶窗
资料来源：熔岩杂志：梦幻建筑实验室，日期不详。

能公共建筑。这栋县级国际大厅有一个展览厅、一座电影院、一座2000座有镜框式舞台的剧院、会议设施、占地60万平方英尺的政府和私人办公室、一个大型地下停车场和许多零售空间。它建在福冈县最后一块绿地——天神中央公园上，因此，它的主要意图是创造与失去的土地等量的新公共土地。此目的通过为公园设计而开创的屋顶绿化系统来实现。该项目为福冈县居民的文化进步和当地社区的活力做出了贡献。

ACROS的外观和系统让其看起来像座自然山体。它的"空中花园"是35000株植物和76种生物的家园，是许多鸟类和昆虫赖以生存的地方。它的屋顶收集降落的雨水，然后将它引到排水沟里并沿途做部分处理。这些雨水用来灌溉屋顶植物并掩盖城市的环境噪声。这个公园被用来举办各种节日，尤其是著名的唐塔节。这个屋顶花园种植了许多抗台风的本地植物。这个公园为人们提供一个静思、放松的地方，使他们暂时远离这个拥挤的城市。

自从有了这个屋顶花园后，该建筑的温度要比地面温度低15℃，因此也更节能。这栋15层的建筑也利用了自然光以节省能耗，并在内部创造出自然氛围。

图6.25　马斯达尔的狭窄街道
资料来源：Peter Newman.

6.4　结论

　　这里展示的新加坡和许多其他亚洲城市的案例解释了生态城市概念。它们展示了努力创造一个更环保、更具希望的未来的例子。有趣的是，据观察，这些案例的成功大都源自聚少成多的努力。一项能成功绿化灰色城市的小举措会影响周围地区，创造更多的生物多样性，对环境进行降温，去除残留的碳，提高食物安全性并增强人们的健康和生产力。这些发展通过将自然引入城市及强化社区的经济、社会面促使未来更加环保。因此这些举措是象征性也是真正的第一步。

尽管新加坡因肩负营造"花园城市"的使命而走在亚洲创造生态城市的前沿，但它仍缺乏能提高食物安全性的必要的城市农业。绿化景观不仅仅是愉悦视觉的景观。高效的绿化景观能促进经济发展并丰富社区精神。食物安全将成为每个城市未来的重要组成部分，它将成为公共空间和建筑生态复兴的内容之一。

同时，在相互模仿的过程中，大多数亚洲城市已明白并努力抓住转型成生态城市的机会。像东京、首尔和上海这样的城市已开始将城市内的所有公园联结，形成综合公园网络（效仿新加坡）。接下去就要看会有多少建筑能像新加坡的建筑那样成功转型了。

生态高效城市

第7章

7.1　简介

生态高效理念把城市看作有着物质和能量流动循环的复杂的代谢系统。更重要的是，这个理念使重新预想一些元素的归宿成为可能，如废弃物，通常被作为像生产投入和资源一样的负输出（Newman et al.，2009）。

在亚洲，生态高效理念并不是一个新的理念。许多项目都曾试图从不同的尺度实现这个理念。有一些项目从一开始就计划运用这个理念，另一些则在项目的过程中采用这个理念，连同管理废物和废水一起，改善现有的环境问题。本章所提供的案例研究有：作为全国范围案例的新加坡，作为区域范围案例的韩国新开发的松岛新城（New Songdo City）和北京长辛店低碳社区，作为局部范围案例的南京生态科技岛、川崎生态镇（Kawasaki Eco-town）、素叻他尼生物质发电项目（Surat Thani Biomass Power Generator）、印度尼西亚的勿加泗城（Bekasi City）、菲律宾的爱妮岛度假村（El Nido Resort）、印度艾哈迈达巴德（Ahmedabad）的Manav Sadhna活动中心以及印度尼西亚的垃圾时尚（Trashion）。

7.2　新加坡

作为一个面积710平方公里，人口5076000的城市国家，限制垃圾的产量和资源的使用量最小化对于新加坡的可持续增长和发展来说是非常关键的目标。在亚洲这并不是一个不寻常的挑战，也是生态高效对于城市来说非常重要的原因之一。2006年在亚洲3R会议（Asia 3R Conference）上，新加坡国家环境局（Singapore National Environment Agency）与环境和水资源部（Ministry of the Environment and Water Resources）强调实行废物管理制度有四个主要的挑战（亚洲3R会议，2006）。第一个也是最重要的挑战就是新加坡的岛国面积小，限制了填埋的可用区域；第二个挑战是经济增长与工业废料的增加联系紧密；第三个挑战是人口的增长产生了更多的生活垃圾。最后一个挑战是新加坡公民日益富裕导致了对于生活方式和消费模式更高的期望（环境与水资源部，2007）。

在过去的10年内，由于生活方式和消费模式的变化导致了新加坡生活垃圾的数量增加。2001年进行的一项市场调查显示，当时新加坡人均生活垃圾处理总量是每人每天1.14千克。而1980年人均生活垃圾处理总量是每人每天0.75千克（新加坡废物管理和回收利用协会，2001）。这是相当显著的增长。2011年，新加坡垃圾总量为6898300吨，循环率为59%（图7.1；国家环境局，2012）。

生态高效城市的理念旨在通过代谢流的"闭环"来减少垃圾的产生和资源的

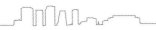

投入，从而减少城市的生态足迹（Newman et al.，2009）。这一理念已在新加坡的废弃物管理中成功得以实施。由法定机构和私营部门制定的各种战略和方案帮助新加坡减少了废物量，并提高了回收比例。以环境公共卫生法（Environment Public Health Act）为首的政策和法规，是控制污染的实施法则（Code of Practice on Pollution Control），也是综合垃圾持证收集者的行为法则（Code of Practice for Licensed General Waste Collectors），除此之外，这些政策和法规还为新加坡实施废物管理提供了法律依据（国家环境局，2012）。

7.2.1　新加坡的固体废物管理策略

新加坡的固体废物管理策略主要围绕三个关键问题（环境及水资源部，2007）：

1. 尽量减少废弃物的来源；
2. 回收垃圾以减少垃圾焚烧厂和垃圾填埋场的配置；
3. 减少废弃物的焚烧处置量。

2011年废物量统计和回收率

废物种类	废物处置量（吨）	废物回收总量（吨）	废物总产量（吨）	回收率（%）
食品垃圾	605800	69700	675500	10%
纸/纸板	603200	765000	1368200	56%
塑料	656000	77000	733000	11%
建筑废料	12600	1191100	1203700	99%
木/木材*	97400	176500	273900	64%
园艺*垃圾	149800	89000	238800	37%
黑色金属	67600	1171600	1239200	95%
有色金属	14500	102800	117300	88%
废渣	5700	335900	341600	98%
污泥	152900	0	152900	0%
玻璃	51400	21400	72800	29%
纺织品/皮革	113700	17300	131000	13%
废旧轮胎	3700	18300	22000	83%
其他	325200	3200	328400	1%
（石头，陶瓷和橡胶）				
总计	2859500	4038800	6898300	59%

图7.1　新加坡2011年废物量统计和回收率
注：*包括66600吨作为生物质发电厂的燃料。
资料来源：国家环境局，2012.

　　作为固体废物管理策略的一部分，国家环境局曾就推行自愿包装协议（Voluntary Packaging Agreement）与业内人士进行磋商，以降低包装垃圾量，从源头上支持废物最少化。该协议在2007年7月1日开始生效，它为产业者和政府的合作——"在至少5年的时间内包装垃圾量连续下降"提供了一个平台和框架。包装垃圾中大约三分之一是食品包装垃圾。从2007年7月1日到2009年9月30日，该协议特别针对食品和饮料包装垃圾。这种类型的包装占所有家庭包装垃圾的50%以上。该协议使新加坡国内废弃物处理量从2007年的每人每天0.88千克减少到2009年的每人每天0.84千克，其中生活垃圾占总处理量的58%。自2009年以来，本协议的关注点扩展到所有类型产品的包装，其中包括洗涤剂、化妆品、个人护理产品和家用产品（国家环境局，2012）。

　　在新加坡关闭废物环的努力中，用回收来减少垃圾焚烧或填埋量的方法起了关键作用。废物转化为能源（WTE）工厂提供了一个解决方案，在有效减少垃圾量的同时节约了垃圾填埋空间。新加坡有四个WTE工厂：大士（Tuas）、圣诺哥（Senoko）、大士南（Tuas South）和一个海上卫生垃圾填埋场——实马高垃圾填埋场（Semakau Landfill）。3R原则（减量化、再利用、再循环）对WTE工厂发挥着关键的补充作用，通过在源头减少垃圾以及降低废物送到垃圾处理场的数量，使资源得到回收（国家环境局，2012）。2001年4月新加坡推出国家回收计划（Singapore's National Recycling Program）。根据这项计划，由国家环境局得到许可的公共垃圾收集者（PWCs）到所有公共和私营住房的住户家中回收废物。学校回收角项目（Schools Recycling Corner Program）是在2002年9月推出的，致力于教育学生了解回收的需求。2003年11月为裕廊工业园（JTC Industrial Estates）推出的回收计划旨在收集废物以再利用，同时收集可回收物（国家环境局，2012）。

　　根据国家回收计划（National Recycling Program），收集的可回收物被送到物料复原设施（MRF），在那里它们被分成更特殊的废物流（如纸塑、玻璃、衣物、黑色金属和有色金属废料），然后送至回收公司成为循环利用的资源。食品垃圾使用生物甲烷化过程转化成堆肥和沼气。沼气用作燃料源，提供电力到电网。塑料垃圾回收成塑料粒，提供给制造商用作进一步生产其他塑料制品的原料。木制废料转换成"工艺木材"作为木质产品的原料，如桌子、门、地板和建筑材料等。建材废料则转换成生态混凝土和其他材料（国家环境局，2012）。在2011年矿渣、建筑废料和黑色金属的回收利用率最高，而污泥、塑料和其他废弃物类型（石头、陶瓷、橡胶）的回收率非常低。2011年新加坡的总回收率达到59%，共回收废物3485200吨（图7.1）。

　　大多数不可回收垃圾被送到焚化厂，一些则被送往填埋场。像新加坡这样土地紧缺的国家，焚烧是一种划算的处置方案，会比垃圾填埋场减少废物体积多达

90%。但是，焚烧产生的烟道气体会引起空气污染，在释放到大气中之前需要清洗。目前，新加坡有四个WTE焚烧厂，每天可以处置总容量高达7600吨的垃圾。大士南焚化厂拥有最大的废物处置容量，每天可以处置3000吨，并且产生80兆瓦的能量。在释放烟道气体之前采用三部系统清洁烟气。首先，烟道气体通过静电除尘器除掉95%的飞灰和粉尘颗粒。然后再通过催化纤维过滤器系统除去剩余的微粒。并与熟石灰粉末混合以降低烟道气体的酸度。最后通过两个150米高的烟囱释放到空气中。焚烧过程产生的热能被用来发电，其功率的20%供焚烧厂使用，多余的出售给新加坡电力公司。该工厂采用回收锅炉中的工业废水以捕获废气。从焚烧灰中提取出的废钢出售给当地钢铁厂。这四个WTE工厂可以满足全国电力的2%~3%的需求。

　　非焚烧垃圾和焚烧灰在实马高垃圾填埋场处理。实马高垃圾填埋场建于开垦的填海空间，于1999年开始运营。开垦耗资6.1亿新元（约合3.99亿美元）。该垃圾填埋场的亮点是新加坡的统筹城乡发展与自然保护承诺——13公顷红树林被移植到填埋场，以替代那些在建造过程中必须被移除的植物。现在该地区有各种各样的动植物，其中包括7种海草、硬珊瑚和海洋生物（Tan，2012a；2012b）。该填埋场的容量为6300万立方米，以满足新加坡至少到2040年的预计填埋需要（垃圾管理世界，2011）。岛上的部分区域面向公众开放娱乐。回收和焚化的结合减少了高达95%的垃圾填埋量。

7.2.2　新加坡的废水管理

　　新加坡必须克服严重的水资源短缺、洪涝和在20世纪六七十年代很普遍的河流高污染问题。为了克服这些问题，使新加坡的水资源可持续，新加坡政府一直投资于可持续的水资源管理研究与技术。新加坡政府一直投资于可持续水资源管理的调查和技术。这项投资使国家制定了多样化和可持续的水供给方式。这种供给有四个不同的来源：当地集水区的水、进口水、新生水（NEWater）和海水淡化。总的来说，这些来源被称为"四大国家水龙头（Four National Taps）"。新加坡已经通过创建一个可以使所有水资源效能最大化的集成系统，使水资源系统成了一个闭合环路（公用事业局，2010）。

　　为了节约饮用水和关闭其水环，新加坡在1972年开始将使用过的水用于非饮用。2002年，公用事业局（PUB）开始运行新生水项目。新生水项目回收废水，采用先进的膜技术、微滤（MF）、储备渗透（RO）和紫外线消毒方法净化废水。这种处理后的水可以在工业以及工商复合体的空调中使用（公用事业局，2012）。此外，小部分的新生水被储存到水库中，并进一步处理成饮用水。新加坡目前有四个新生水工厂：勿洛（Bedok，2003）、克兰芝（Kranji，2003），乌鲁班丹（Ulu

Pandan，2007）和樟宜（Changi，2010）。目前新生水的供应占新加坡用水需求的30%，计划到2060年增加两倍的供水量。2007年新生水回收再利用计划荣获斯德哥尔摩工业水奖。

新加坡使用两个系统收集雨水和风暴水。雨水先通过排水渠、沟渠、河流和风暴水收集池构成的网络收集起来，然后被引导到新加坡17个水库中的一个进行储存。新加坡是少数几个收集雨水用于大规模供水的国家之一。结合城市化程度最高的集水区——滨海水库（Marina Reservoir），以及两个最新的水库——榜鹅（Punggol）和实龙岗（Serangoon）水库，使集水区面积从新加坡国土面积的一半增加到三分之二（公用事业局，2010年）。

通过污水雨水再利用来供水以及回收固体废弃物，新加坡已成为高效城市理念的标志性案例。

7.3　韩国松岛新城

韩国首都首尔以西65公里的松岛新城，是依据仁川滨水区总体规划建设中的城市（KPF建筑师事务所，2003）。这个城市通过12.3公里长的公路桥连接到仁川国际机场，正在兴建的地是填海而来的，有6平方公里的规模，并将成为仁川自由经济区（Incheon Free Economic Zone，IFEZ）的一部分。仁川自由经济区旨在打造成各种经济区域（如：国际商务、休闲、旅游）的枢纽。该自由经济区建成后，将以商住区、国际商贸中心、购物和娱乐中心，以及必要的服务为其特色。该项目预计需要10年完成，花费超过400亿美元。在2015年完成时配有8万套公寓、460万平方米的办公空间以及93万平方米的零售空间。

区域经济压力是松岛新城发展的重要原因之一。在过去的15年里，韩国已经失去了超过50%的制造业，这些制造业向中国和其他亚洲国家转移，那里的劳动力成本更低，劳动技能也在提高。为了夺回竞争力，韩国成立了仁川自由经济区。这个自由经济区将国家经济方向转向金融业和物流服务业，允许进行那些旨在促进国际贸易和外国投资的商业行为。

典型的自由经济区主要由经济驱动，但却没能解决社会和环境问题。在微观经济尺度上，松岛新城的目标是成为一个国际贸易中心，扩大韩国商业的范围并提高其活力。为了实现这样一个雄心勃勃的目标，松岛新城提高了典型的自由经济区发展的标准，通过文化、社会、教育和娱乐设施来丰富可持续设计的建筑环境，吸引全球的商务。因此松岛被看作韩国绿色经济计划的一部分。2008年8月，韩国总统李明博宣布，绿色增长是韩国未来所有发展的基础。从那以后，韩国推出了绿色增长国家战略（National Strategy for Green Growth）（2008）、到2020年排放量减少30%的国家温室气体减排目标（National Greenhouse Gas Emissions Reduction Target）（2009）、绿色新政（Green New Deal）（2009）、展望到2020年韩国成为世界上排名前七位的绿色经济体之一的绿色增长五年计划（Five-Year Plan for Green Growth）（2009）以及使政府在企业无法推进绿色低碳发展的情况下对自由市场干预的低碳绿色增长框架法案（Framework Act for Low-carbon Green Growth）（2010）等多个绿色经济行动（联合国环境规划署，2010；Young，2012）。2012年5月韩国批准了名为"限额与交易"的碳减排体系（Han，2012）。松岛新城成了绿色经济计划不可分割的一部分。

在这个新的绿色经济产业区，快速的城市化和不可再生资源的使用被认为是需要解决的主要关注点。从1960年到2000年，韩国从有80%的农村人口变成有80%的城镇人口。城市人口的快速增长加剧了水和空气的污染，降低了土地质量，加重了已有的慢行交通拥堵，增加了能源负担。在1990年到2005年间，韩国的能源消耗大幅度增加，能源的使用量每年增加8.2%，与能源相关的二氧化碳排放量每年增加7.0%（Oh et al.，2010）。韩国被列入世界十大二氧化碳最高污染国。这些问题成了2006年环境机遇专家研讨会（Environmental Opportunity Charrette）的基础。该专家研讨会确定了用来提高松岛新城的环境表现和生活质量的方法（高层建筑与城市人居环境委员会，2008）。其专注于考虑每一个决策的长期可持续发展需求，并适应不断变化。具体而言，其重点是场地规划、能源利用、建筑设计、耗水量、运输、材料的选择以及废弃物的产生和开发影响。该专家研讨会还关注"软"设计元素，以增强社会的可持续发展，鼓励可替代的交通运输方式和充满活力的公共领域，着眼于以公交导向发展原则（TODs）、新城市主义和那些传统的韩国"侗族区（dongs）"或社区（高层建筑与城市人居署理事会，2008）。

松岛新城的目标是成为以提供高生活品质和具有丰富文化和休闲景点的有活力的公共领域而闻名的国际旅游胜地。尤其强调的目标之一是使韩国能够适应不断变化的全球经济环境，创造就业机会，并提供现代化的、高效节能的住宅。其目标还包括所有350幢待开发的大楼都将获得绿色建筑评估（Leadership in Energy and Environmental Design，LEED）颁布的绿色建筑认证。城市的未来生活能力和健康发展，以及使韩国对全球气候变化的影响降到最低，都是设计考虑的前提要素。松岛新城的设计围绕六个核心目标：

1. 开放、绿色的空间；
2. 交通运输；
3. 水的消耗、存储和再利用；
4. 碳排放和能源消耗；

5. 物质流动和回收利用；

6. 可持续的城市运营。

其中的一些功能如图框7.1中所述。松岛新城已设计使用与空地、人行道和水渠交错的正交图案的街道空间（图7.2）。将设有515英亩园林绿化和开放空间，占土地开发面积总数的34%。希望这些设施结合这个地区的混合土地使用，能够促进步行和自行车的出行方式。

图框7.1 松岛新城的六核心设计目标和一些达到这些目标的措施。

松岛新城的六核心设计目标

1. 开放、绿色的空间：提供连贯和设施丰富的开放、绿色的空间。

措施：

• 40%的开放空间（600英亩，1英亩约合0.4公顷）。

• 中央公园（100英亩）。

• 通过步行和骑自行车走廊连接开放绿色的空间。

• 设计通往阳光和美景的最佳通道。

• 利用本地和节水物种的生态多样性。

2. 交通：行人为本的城市中心，鼓励无污染、安静、城市友好的出行，以及抑制私家车的使用。

措施：

• 仁川地铁线将经过松岛IBD。

• 扩展的巴士服务。

• 25公里的自行车道网络。

• 每个项目街区内将为节油和低排放车辆预留5%的停车容量。办公和商业街区将为拼车的车辆预留5%的额外停车位。

• 电动汽车充电站将被纳入停车库设计。

3. 水的消耗，存储和再利用：可持续蓄水使用将被最大化。

措施：

• 雨水和风暴水收集和利用。

• 灰水和黑水进行适当的再利用处理。

• 中央公园水渠将使用海水。

• 使用高效的景观设计和灌溉系统。

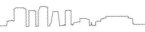
- 使用高效的清洁用具。

- 绿色植被屋顶。

4. 碳排放和能量使用：节能舒适建筑的供给以及全市能源的高效使用。

措施：

- 所有松岛国际新城开发工程将以美国采暖、制冷与空调工程师学会的指标（American Society of Heating, Refrigerating and Air Conditioning Engineers，ASHRAE）为标准甚至超过这一标准。

- 以天然气为燃料的一个中枢性、全国范围的热电联产设施来提供能量和热水。

- LED节能交通信号灯以及节能油泵和马达。

- 一个用来收集干湿垃圾的集中式气动垃圾收集系统。

5. 原料的流动和再循环。

措施：

- 建筑废料的再循环（目标达到75%）。

- 最大化本地和/或循环材料的使用。

- 最大化低碳和低VOC材料的使用。

6. 可持续城市经营。

措施：

- 将可持续采购目标和再循环的指导方针并入城市的经营结构中。

- 管理和维护合约将批准环境友好型产品（低VOC或零VOC的，具有生态标签的，有"好回收"指定或具有相同指标的）。

资料来源：松岛 IBD, 2012.

图7.2　松岛城鸟瞰
资料来源：韩国松岛国际商务区（IBD）规划，2012。

政府已经实现了发展一个更高效生态城市的愿景，松岛新城就是一个典型案例。松岛背后拥有强大的市场推动；这个案例演示了生态城市是如何成为新兴绿色亚洲城市新趋势的。这里应用的技术都不是新的，但一个城市从建立开始就规划发展成为一个综合性城市，这样的努力从一开始就已经使生态高效成为可能。在这种情况下，韩国就能在新的绿色经济中展现它的领导地位。

7.4 北京长辛店低碳社区概念规划

低碳社区概念规划是由Arup公司与北京市城市规划设计研究院（BMICPD）合作开发的，建立在一个距离北京市市中心约17公里，位于丰台区的一块500公顷地块的基础上（Arup，2009）。北京长辛店低碳社区概念规划的目的是融合可持续社区的设计原则和生态高效，规划中有20项定量的性能指标，是为了通过法定分区测量水和能源的使用以及碳排放的量并使其最小化。该计划是一个综合开发的概念，通过一条轻轨为有公共开放空间以及商业和研究产业的约70000人的居住区提供服务。该计划的一部分是开发"低碳分区码"，实现法定分区规划。通过使用生态足迹测量和集成的资源管理框架，将该计划与一个"照常营业"的方案进行比较，发现提案中的居民将比"照常营业"方案中的人少27%的生态足迹。所有的性能指标和技术要求都是在场地、街区和整个区域的基础上进行建模的，以确保实现可持续发展的目标，同时也是为了建立可以嵌入现有监管码中的特定地点低碳分区代码。这个项目是中国的第一个试点项目，旨在克服一些低碳、生态高效发展的监管障碍。

7.5 南京生态科技岛

南京生态科技岛（南京生态城）是一个与新加坡政府合作开发的生态城。这个生态城的目标是"在生态意识环境下为高科技智能产业的可持续发展建立平台"（Alusi et al.，2011, p. 11）。2007年11月，一个双侧平台，即新加坡–江苏合作理事会，开始启动并促成了新加坡和江苏在生态城项目上的合作。新加坡国际企业发展局（International Enterprise，IE）与南京市人民政府签署了协议（Memorandum of Understanding，MOU），同意联合对生态科技岛进行一项可行性研究。最终的协议在2009年签署，目标是在2020年前以三个阶段完成这个城市的建设。

南京市政府购置了土地，由新加坡智能生态岛开发有限公司（Singapore Intelligent Eco Island Development）和南京江岛投资发展公司联合开发房地产。新加坡智能生态岛开发有限公司是一个私人合资企业，由仁恒置地集团（房地产开发商）、胜科工业园区（工业发展和工程翼）和盛邦土地（负责城市设计和建筑）（仁恒置地集团，胜科工业园区，盛邦土地，2009）。南京生态城将开发1280英亩土地。

南京生态城将以生态环境下的高技术和智能产业为基础，遵循生态工业园区的运行和中国的循环经济政策（见图框7.2）。南京生态城有部分生态高效的特点：优化用水和用电；建立控制排放的智能污水管理系统、垃圾再利用的方法、生态旅游交通网络以及工业可持续发展（Alusi et al.，2011）。生态高效显然是中国的一项主要政策，南京生态城将在真实的城市中展示其应用。

图框7.2　生态工业园与中国的循环经济政策

中国2002年采取的循环经济政策和2009年颁布的循环经济促进法，都涉及满足环境、经济和社会的需求，提高资源生产率，优化材料使用和生态高效等多方面，且都基于一个闭环物质流的观点。在中国这是走向健全经济系统水平的发展（Geng and Doberstein, 2008; Geng et al.，2010）。这个想法重点在于工业生态学或生态工业发展（EID），即用产业效率把能源、水、材料的使用和公共基础设施之间的共享降到最低。这一想法是由于20世纪80年代以来中国追求快速的工业生产所导致的环境恶化而产生的（Geng and Zhao, 2009）。EID的主要内容是一个行业或活动产生的副产物可以作为另一个行业或活动的材料或资源。

循环经济模型实现三个循环：

第一个循环聚焦于微观层面的主动性，特别是2003年1月清洁生产促进法颁布之后的清洁生产。

第二个循环是中观层面的，由于生态工业园区（EIPs）的创建涉及企业之间的合作和效率，在生态工业园区里企业能够合作利用如热能、废水和工业废料等工业副产品。在中国，工业园区通常连通居住片区，因此这一概念还包括居住安全措施。

第三个循环是宏观或社会层面的，关于"生态城"和生态区的发展。这个层次的重点在于生产效率和社会消费水平的降低。

资料来源: Geng and Doberstein, 2008; Geng and Zhao, 2009; Geng et al.，2010; Xi et al.，2011.

7.6 日本川崎生态城

日本生态城镇是循环型产业集群，通过一项补贴制度启动于1997年。该补贴制度是日本经济产业省（Ministry of Economy Trade and Industry，METI）和环境部（Ministry of Environment，MoE）为了促进循环产业的发展而建立的（全球环境中心基金会，2005；Norton，2007）。生态城项目的目的是减少垃圾填埋的比重（日本在这方面存有严重不足）、振兴地方经济、辅助衰退产业以及实现零排放的理念。至2006年，日本共有26个生态城镇（图7.3），川崎生态城是其中第一批发展的生态城镇之一。

1994年日本联合国大学（United Nations University）提出的"零排放"理念，聚焦于减少工业和企业所产生的废物量，并确保在与其他行业的合作时垃圾可以合理循环再利用。零排放理念遵循四个原则：

1. 总投入必须等于总产出，目的是使废物产量接近于零；
2. 减少温室气体和环境负担；
3. 促进节能措施；
4. 集体工业和行政区之间的合作（全球环境中心基金会，2005）。

生态城镇在城市规划和环境管理中落实了零排放的理念（全球环境中心基金会，2005）。

日本生态城工程	
爱知县	高知市（高知县）
秋田县	水俣市（熊本县）
青森县	直岛町（香川县）
千叶市（千叶县）	冈山县
爱媛县	大牟田市（福冈县）
岐阜县	札幌市
广岛县	铃鹿市（三重县）
北海道	东京
兵库县	富山市（富山县）
饭田市（长野县）	莺泽町（宫城县）
釜石市（岩手县）	山口县
川崎市	四日市（三重县）
北九州市	

图7.3 日本生态城工程，2006
资料来源：Fujita，2006.

　　川崎生态城是川崎市的一个工业区，位于东京都市区的沿海地区。因其陆地、海上和航空运输的便捷性，川崎生态城成为通往日本的门户。这里2800公顷的工业用地在1997年开始开发，目的是建立一个资源循环利用的社会和一个零排放工业园区。该项目的总预算约为250亿日元，由国家和市政府提供补贴。场地位于川崎市沿海地区的土地复垦区，明治时期（1869～1919年）就开始开垦。该地区的全面工业化始于1913年。第二次世界大战后，日本经济高速增长，大规模工业厂房开始在川崎沿海地区集中。沿海地区的加速工业化导致了燃料和水的消耗量急剧增加，工厂排放的污染物也造成了空气和水质的退化。这一问题累积到20世纪90年代，成了日本面临的两大严重问题——环境问题和经济泡沫的破裂之一。市民开始抗议，特别是在关于污染的问题上。

　　零排放理念就是为了应对当时的环境问题提出的，同时也是开发以零排放技术为基础的新型产业的途径之一。人们对如何将零排放理念应用到各个工业领域进行过大量的研究。这成为川崎市的工业区再发展为生态城的原因。川崎生态城的目标如下：

- 个体工业企业在加工制造到废物处理整个生产活动过程中力求减少各种对环境的影响。
- 公司合作回收产品，并使用再生产品。
- 将继续进行环境研究以维持环境循环利用区的发展。重点在于利用工厂废热量以及通过产品回收系统为不同企业提供材料。
- 在日本其他地区以及海外传播生态城镇的知识。

　　川崎生态城在生态高效方面的努力是为了创建一个循环、闭环（循环、闭合）的系统。循环设施的建造旨在回收来自附近制造业公司，特别是钢铁、有色金属、水泥、化学和造纸工业公司的垃圾。这些设施同时还作为回收中心服务东京和横滨两个重要周边城市。副产品的相互利用以及垃圾再生为原材料这两项技术已经在川崎生态城新建的回收工厂和公司里得到了提高，例如：

- 昭和电工（化学）公司为其他公司提供其在生产过程中所产生的氨气。
- Corelex有限公司（造纸业）将已用纸再加工成卫生用纸过程中产生的焚烧灰这一副产品提供给水泥公司作为原材料。
- 日本冶金有限公司使用JFE钢铁有限公司提供的原材料生产一种特殊的合金，这个原材料是在回收利用电子设备时产生的。

　　尽管川崎生态城是由国家和城市政府发起的，但也有很多股东合作支持，他们在该项目中扮演着不同的角色。最近的一个产业合作是建立大规模节能工程，在这项工程里，东京电力公司（Tokyo Electric Power Company，TEPCO）从火力发电厂提供蒸汽给周边产业。川崎市和东京电力公司在2011年合作启动了一个2万千瓦的联合大型太阳能发电项目。

川崎生态城已经展现出环境质量的显著改善，尤其是在空气质量方面。东洋大学区域产业共生研究中心的研究预计，垃圾回收每年可减少16万吨二氧化碳的排放。川崎生态城案例研究展示了一个很好的案例，即为了减少碳生产和工业区对环境的负面影响，政府承诺、产业合作以及社会团体支持会发生什么。

生态高效的理念已经引起了工业领域的转变，从坚持工业应该与其他用地及产业分开的传统工业结构，到一个以零排放和闭环垃圾系统为基础的新结构。这个闭环垃圾系统需要谨慎的聚集产业类型，这样才能相互利用副产品和废弃物，在指定的区域内实现一个产业的废弃物成为其他产业的原料来源。同时，还使得在经济和社会层面上工业园都具有可行性。如何将一个老的工业园改造成像新区的闭环系统一样具有生态高效性，川崎生态城就是一个重要的案例展示。

7.7 泰国素叻他尼（Surat Thani）生物质发电

素叻他尼的生物质发电是一个发电项目，它利用棕榈油榨取过程的废弃物——空果串（EFB）作为发电的主要燃料［联合国气候变化框架公约（UNFCCC），2006］。该项目是泰国政府为了在未来五年减少使用10亿升进口石油而促进国内生物燃料的生产所做出的部分努力（亚洲生物质办公室，2008）。这将节省420亿泰铢。此外，相比于传统的农产品生产，生物燃料的生产将增加农民的收入。

在2008财政年度，泰国一次能源的国内生产值达到6269.5吨油当量（ktoe），其中可再生能源为1929.5万吨油当量（30.8%），生物燃料62.6万吨油当量（1%）（亚洲生物质办公室，2008）。泰国是南亚最大的生物燃料生产地，在2008财政年度生产了3亿升生物乙醇和4亿升生物柴油（亚洲生物质办公室，2008）。

素叻他尼的生物质发电项目位于素叻他尼府喷平镇，距离曼谷约700公里。这个项目是由泰国一个私营公司——素叻他尼绿色能源有限公司（Surat Thani Green Energy Co. Ltd., SGEC）、日本环境部授权的回收公司——农业技术推广有限公司（Agritech Marketing Co. Ltd., AMC），以及与农业、林业和渔业部门之间的合作。该项目从2005年启动，并在2007年开始商业运作（联合国气候变化框架公约，2007）。

除了提供可再生能源，素叻他尼的生物质发电还将提高农业废弃物的处置率，增加到生态高效理念的应用中。在这之前，空果串没有任何商业价值，只能任其在固体废弃物处置场腐烂。素叻他尼生物质发电项目利用的空果串来自省内六个工厂。这六个工厂每年可供应35.06万吨空果串，满足每年25.26万吨的需要绰绰有余，每年可产生70168兆瓦时的电力（联合国气候变化框架公约，2007）。由素叻他尼的生物质发电项目产生的电力，将依据小功率生产计划卖回给当地电网。

这个项目为当地社区带来的社会效益也创造了新的就业机会，例如：棕榈油生产商、卡车司机、电厂操作工以及建筑工人。

在农产业（农用工业）国家，如印度尼西亚、越南和泰国，这些工业的残渣如稻壳、甘蔗渣、棕榈油残渣以及空果串的处置往往成为一个主要问题，尤其是在空气和河流污染方面。这些被认为是垃圾的产品通常烧毁或丢弃在河中，都会造成污染和超量的二氧化碳排放量。此外，贫穷的家庭往往会把这种生物质垃圾在低效炉中焚烧，从而导致室内烟雾污染。据估计，这种由焚烧生物质导致的室内烟雾污染每年造成全球约200万人死亡。发电厂的效率随着这种生物质使用量的增加而增加。相比于在炉子里直接燃烧，把这些生物质转换成电能无论对环境还是社区都是更有利的结果。素叻他尼的生物质发电项目表明，生态高效性可以在亚洲住区和生态区的低收入地区中发挥作用，下面列出的项目也同样可以做到。

7.8 印度尼西亚勿加泗（Bekasi City）

勿加泗是印度尼西亚西爪哇省（West Java）的一座城市，位于雅加达东边境的Jabodetabek都市区。勿加泗占地面积210.49平方公里，拥有190万的人口（2005年），人口密度为每平方公里9471人。尽管勿加泗以贸易、商业、加工业为人所知，但同时它也担任着雅加达的通勤城市。1989年，勿加泗的一个行政区班达尔戈邦（Bantar Gebang）被规划为雅加达东部的所有废料集聚终点。然而实际上这个垃圾填埋场被用作收集雅加达所有地区的垃圾。因此，每天送来的垃圾量已经超出了填埋场的可容纳量。

雅加达的快速成长及活动导致废弃物及相关问题大量增加。根据地方政府统计资料，2007年每天的废弃物总量大约有27654平方米（相当于6914吨）。此时的雅加达只有位于勿加泗班达尔戈邦的一个垃圾场/垃圾掩埋场，这个垃圾场/垃圾填埋场有108公顷，却没有实施废物加工或气体控制。它使用露天倾弃的方式：不经任何处理就倾倒垃圾。这种处理方式没有运用任何合理的垃圾处理技术，还会产生极危险的垃圾渗滤液，并释放出对环境有巨大冲击的甲烷，造成土地及水资源的长期污染。

此外，露天垃圾场临近住宅区。有机物质分解后产生的气体中含有硫化氢，会对邻近街区造成伤害。

绿色印度尼西亚（Green Indonesia）是一个非营利独立组织，他们在2008年11月10日举行集会，聚集了数以千计的积极分子、学生团体、知识分子、志愿者、社会

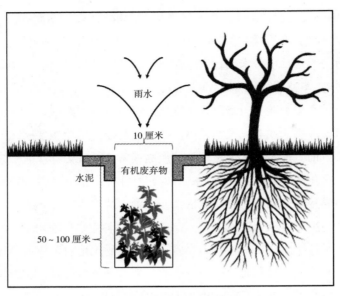

图7.4 生物气孔
资料来源：作者

工作者、学者以及年轻的专家，其目的在于提升人类的居住环境质量。因为垃圾掩埋场的问题，勿加泗成了社会的耻辱，被叫作"野兽城市"和"垃圾城市"，因此被选作规划试点城市。这个城市简直成了雅加达的垃圾箱（Green Indonesia, 2011）。

在这次集会之后，2009年，绿色印度尼西亚基于社区发展，应用"自下而上的规划"方式发起数次活动。该组织专注于如下项目：

1. 以"领养树"的方式，在勿加泗种植10万棵树。

2. 举办公共活动推行"5Rs"的垃圾管理方式（减少、再生、循环、腐烂、尊重）。

3. 水资源保存和注满的计划及公共活动，目标是制造100万个生物气孔以及一种可以增加土地吸收能力的可渗透水井（图7.4），并且将有机废弃物以肥料的形式循环再利用。

4. 计划为印度尼西亚的重新造林计划每年提供100万棵合欢属雨树（trembesi）的幼苗。

5. 在全印度尼西亚推行具有国际标准的"绿色学校（Green School）"实施计划。

勿加泗被选为发展计划的试点城市，愿景为"我的勿加泗是绿色的，我的勿加泗没有洪水，我的勿加泗没有垃圾"。这个计划的概念是以社区为基础的发展、并以零政府补助（Zero Government Budget）为达成目标（Green Indonesia, 2011）。

勿加泗为了环境和社会的利益，签订了减排量购买协议，这是雅加达省的首创。其中部分协议提到，由PT Gikoko Kogyo Indonesia公司建造一个天然气燃烧场，该公司专门研究Sumur Batu垃圾掩埋场的空气净化技术。这个燃烧技术能采集固体废弃物所产生的甲烷气体。甲烷气体是高危险气体，因此，采集并利用它有助于减少来自垃圾场的气候污染物质。燃烧场对减少勿加泗的气候污染物质大有帮助。身为计划的一分子，世界银行担任荷兰清洁发展机制（Netherlands Clean Development Mechanism）受托人的角色，从PT Gikoko购买接下来15年25万吨的二氧化碳核证减排量。1吨二氧化碳核证减排量相当于价值5~10美金（世界银行，2012）。从这里获得的资金将由当地社区与城市政府和PT Gikoko共同管理。这可以保证当地社区是裁决流程的一分子，并一同负责资金的使用。这些资金收益的7%将用于社区发展，10%则加入地方财政预算。这项新技术预计会提高填埋场及周边地区的供电量。此外，发电厂也会帮助减少废物及污染物。废物利用所产生的电力由PT Godang Tuajaya公司管理，最初产生8兆瓦，总生产量19兆瓦。预计在2012年发电厂将会产生26兆瓦的电力。到时候这些电力就能被卖到国家电力公司（State Electric Company），分配给5万住户使用。

最近政府公布了另一个解决垃圾问题的方案，就是将垃圾掩埋场改建成景观公园，变成观光景点。这个想法可能有点荒唐，但是结果证明垃圾可以转换成垃圾山，并在上面种植花草树木，将它变成一个景观坡地（Detik News，2012）。此外，公园可以设立教育设施，让人们学习垃圾的处理方式及如何成为新的材料或能源。有了政府的承诺，在未来几年内印度尼西亚将变成"观光垃圾旅游的国家（State with a Trash Tour Package）"。

7.9 爱妮岛度假村（El Nido Resort），菲律宾

通过"负责的旅游业"的理念，爱妮岛度假村因致力于可持续发展而广为人知。它对环境的承诺涵盖众多计划，如海龟保护、海岸与水下的清洁、以自然为本的旅客活动、可持续的选单以及为员工与旅客提供环境教育课程。此外，爱妮岛还有技巧训练项目，并且尝试创造当地的工作机会。它也有一个生态高效的方案。

爱妮岛度假村位于菲律宾巴拉望省的资源保护区。它距离马尼拉420公里，距离巴拉望省首府公主港238公里。爱妮岛度假集团在商业上被称为十结开发公司（Ten Knots Development Corporation），它经营两个度假村：米尼洛岛度假村（Miniloc Island Resort）（1982）和拉根岛度假村（Lagen Island Resort）（1998）。1984年自然资源部门（the Ministry of Natural Resources）在爱妮岛的海域内确立了一个360平方公里的乌龟保护区。1991年菲律宾政府宣布剩余的海湾区域为海洋保护区，1998年环境

和自然资源部指明该地区为"资源保护区"（Resource Protected Area）。

爱妮岛度假村试图解决可持续发展问题，包括努力实现生态高效及零废物的管理。由于这个度假村位置隐蔽，度假村经营的本质是私密的，因此，爱妮岛度假村应当拥有良好的废物管理。当地垃圾处理的特色之一是材料回收设施（Materials Recovery Facilities），用来分离固体废料并制成肥料。该设施根据能否被生物降解将垃圾分成两类。生物可降解的废料被混合成肥料，用于度假村与十结公司农场的景观绿化。生物不能降解的废料则被分类成可回收或可再利用的以及送到爱妮岛垃圾填埋场的两种。

爱妮岛度假村的材料回收设施（Materials Recovery Facilities，MRFs）是生态高效发展的一个很好的案例。虽然这个项目不是在市区中进行的，但是零废品管理（Zero-waste Management）的模型依然可以应用到市区中。举例来说，一个城市街区可以应用材料回收设施分类和处理当地的垃圾。再生的材料可以在街区内部使用（如：肥料用于景观绿化和公园，回收的塑胶用来建设儿童游乐场）或以原材料的形式送到其他地方（如回收的纸类制成面纸）

7.10 Manav Sadhna活动中心，印度艾哈迈达巴德

艾哈迈达巴德是印度古吉拉特邦的第一大城市。它是印度第七大城市和第七大都市区。有大约396万的城市人口和556万的都市区人口。艾哈迈达巴德是印度发展最快速的城市，在世界城市发展速度上也排名第三。它位于萨巴马蒂河（River Sabarmati）岸上，距离古吉拉特邦首府甘地讷格尔（Gandhinagar）32公里。

在印度，城市区内存在的主要问题是贫民窟发展和城市贫民的增加。贫民窟的地点主要分散在重要的铁路车站内的铁轨（在孟买）或主要道路周边。大部分位于非常重要的城市区位（例如孟买Dharavi贫民窟）。这些贫民窟让城市里的政治人物及精英觉得很棘手，但是他们的解决办法只是针对如何摆脱这些贫民，把贫民窟的住户赶到低质量的高层建筑区或强迫他们离开高端房产的区域。然而，有一个可以让贫民窟存在的方法。政府应关注于教育群众和提高群众的生态意识。设计艾哈迈达巴德一个活动中心的Ar. Yatin Pandya最近提出了一个解决方法。

位于艾哈迈达巴德瓦达杰Rama Pir Tekra的活动中心就是在回收（国内）城市垃圾然后再生成建筑材料方向上的一个小尝试，并因此成为生态高效城市的示范项目。该活动中心位于艾哈迈达巴德最大的棚户区，由社会上的非政府组织Manav Sadhna自发建造。它被设计成多功能服务中心，担任非正式幼儿学校、提供成人教育，以及老人及妇女的工艺作品创作训练中心和工作室等多项功能。该活动中心还

包括了宿舍、行政设施，以及各宗教的冥想设备。这个校区就是用回收再利用的城市垃圾建造成的（世界建筑群落，2012）。

Manav Sadhna活动中心是综合建筑设计的缩影，它试图解决长久以来存在于发展中国家的问题。首先，回收废弃物有助于解决环境污染问题，否则垃圾只会丢弃在垃圾场。其次，将垃圾转换成建筑材料为城市贫民提供了就业机会，从而对经济赋权也有所奉献。再次，使用的原料产品都是当地开发的，相较传统的替代物更便宜，质量也更好，因此Manav Sadhna可以负担得起建筑施工的费用。作为活动中心，它真正是为城市里最贫穷的社区服务的。该活动中心位于城市最大的贫民窟之一，居住着超过10万人口。它被用作非正式的幼儿学校、年轻人的专业培训中心，晚上还会用作社区中心，提供保健设施、娱乐活动、宗教活动及庆典。中心还为住户设立了卫生营。

活动中心是由当地一些无技术或半技术人员参与建成的，它的结构技术和细节设计都是通过把生产模式记在脑子里完成的。这些建筑构件全部来自废物循环的成果并且都测试过性能。结果发现很多材料更优于传统的使用方法。该设施的建设被完全实施，其建设工程及功能需求都与美学观点相符，这些理念都可以互相补足。像煤灰、垃圾场残渣、玻璃瓶、木箱、包装纸、锡箔罐这些废料，都被回收做成了建筑材料（图7.5）。

这个建筑证明了极端的成本效益，并且成了砌墙、盖屋顶、铺地板和镶板不同选择的公开商品目录。社区与其他组织纷纷开始仿照这些建造方式搭建他们自己的房子，其他数个构筑物也开始建造。因此，活动中心有效地例证了成本不是一个限制条件，而是具有创造性的挑战，同样，为贫民设计建筑还有更多有创意的机会。适应环境的建筑确实是从使用者与当地所需与所含的资源发展而来的。

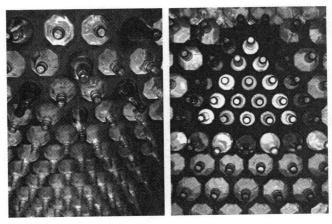

图7.5 利用废旧玻璃瓶建造的墙体
资料来源：World Architecture Community, 2012.

此案例展示了社会及经济问题是如何被综合生态设计一起解决的。通过把玻璃瓶、木箱、建筑废料等废弃物重复利用成为建筑材料，建设成本会显著降低，同时也减少了垃圾量。活动中心提供多样的项目，如教育、激励赋权、社区开发，这些都对贫民社会有极大的影响。生态高效可以仅仅是一种技术的运用，但也可以像在Manav Sadhna那样有一张人类的面庞。

7.11 印度尼西亚的垃圾时尚（Trashion）

印度尼西亚是全球人口数排名第四的国家。据2010年人口普查统计，它拥有2.43亿人口（世界各国数据指标档案，2011）。庞大的人口数意味着机会，但也是未来创造可持续环境的潜在威胁。虽然印度尼西亚在大规模的废物处理上没有重大突破，但是在创造可持续环境上却达到了小规模的、社区层面的进展。

在印度尼西亚众多城市都可以找到"垃圾时尚"的来源。"垃圾时尚（trashion）"是由"垃圾（trash）"和"时尚（fashion）"两个词结合而成，指的是把主要由塑料垃圾构成的废弃物转变成时尚产品的成就。过去10年，垃圾时尚的迅速发展归因于印度尼西亚社区内出现的三种情况。第一，很多人已经具备创作时尚产品必需的基本技术，特别是缝纫及图案制作。第二，印度尼西亚有大量的塑料垃圾没有被回收再利用。第三，人们已经开始意识到环境保护的重要性。在很多举措里都提倡了垃圾时尚，如指导手册、电视节目、政府和其他机构的基本训练。图7.6展示了一些关于垃圾时尚的例子。

望加锡（Makassar）的乌玛甸女士（Mrs. Ummah Daeng Ne'nang）在被前公司裁员之后开始创作垃圾时尚。乌玛说她是从一个电视节目中得到了创作垃圾时尚的启发，然后透过《从垃圾到垃圾时尚：25个Limbah塑料公司》这本书开始探索新的设计。南苏拉维西省政府捐赠了五台缝纫机帮助她组成了一条生产线。乌玛每个月最

图7.6 垃圾时尚产品
资料来源：Djumena, 2010.

多可以赚到300万卢比，相较于南苏拉维西的最低薪资97.5万卢比好了很多。通过回收塑料垃圾，乌玛不仅创造了更好的环境，也让周边社区为家庭主妇及失业者创造了许多工作机会（Djumena，2010a）。

在印度尼西亚的巴厘巴板市（Balikpapan），艾哈迈德·伊斯坎德尔（Mr. Achmad Iskandar）从2008年举办的"国家环境展览日"中得到启发。现在，他每个月用600公斤塑料垃圾制作出900个花瓶。艾哈迈德用传统的花纹及图案设计他的花瓶。他也帮助街区以及社区创造了许多工作机会（Djumena，2010b）。

克莱拉·赛菲女士（Mrs. Clara Seiffie）用塑料垃圾制成了一种产品，称作"CS包"。她的工作室分布在四个不同的城市，共有1200名员工。美国国际发展署（USAID）赞助其生产。她每个月最多可以生产10000个"CS包"。产品甚至远销到意大利（Kelola Sampah，2010）。

斯利·娃于妮女士（Mrs. Sri Wahyuni）在地方政府环境机构的帮助下开始经营塑料时尚相关产业。他们提供回收废物必备的基础训练，并与其他10个家庭主妇合作，一起在马格朗市（Magelang）创建了"废物回收社区"，继续创作垃圾时尚作品。垃圾时尚的需求来源于不同城市，在雅加达和巴厘岛这种重要的旅游城市更为明显。废物回收社区清洁了他们的村庄，赋予社区更多的工作机会，也增加了额外的收入（工商企业家，2010）。

雅加达的荷亚提·斯玛玛塔女士（Mrs. Heryanti Simarmata）在2008年赢得了雅加达绿化与清洁计划举办的固体废弃物比赛之后，开始了在垃圾时尚产业的生涯。她和周边街区的家庭主妇们在联合利华基金会的捐助下，获得了5台缝纫机，并雇用了10名员工。荷亚提每个月可以从垃圾时尚产品中获得1000万卢比。她的业务还扩展到了海外市场，如新加坡、印度、英国这些国家（罗盘报Kompas，2010b）。

最后一个关于垃圾时尚的故事来自唐格朗（Tangerang）。由于1998年发生在印度尼西亚的金融危机，斯拉玛·利亚迪先生（Mr. Slamet Riyadi）被前公司裁员。失业之后，他把塑料垃圾作为原材料，并从中寻找创造出垃圾时尚产品的可能性。目前，他手下共有70名员工，由年长的拾荒者和家庭主妇组成。斯拉玛先生成功地将他的产品外销到不同的国家，包括文莱、新加坡、埃及、尼日利亚、荷兰、意大利、加拿大及澳大利亚。同时，他也非常活跃地参加提高环保意识的活动，并参观爪哇岛的各个学校（罗盘Kompas，2010a）。他相信大多数的人及社区已经有了可持续发展的知识和意识。将把垃圾创作成时尚物品的潜力变成实际行动，创造出更生态高效的城市，同时对城市经济社会方面有所贡献。若想实现这个目标，工作坊、手册这些催化剂是必不可少的。

7.12 总结

生态高效理念提供了一种模型，展示了亚洲的绿色城市主义如何在国家、区域以及局部的尺度范围内实施。新加坡很好地示范了一个由政府开创的国家是如何应用综合的生态方法处理垃圾和水资源的。日本、中国、韩国、泰国和印度尼西亚在区域范围内的案例，因为着眼于公众和私人部门间的均衡贡献而一直被热议。局部范围内的案例则提供了更多自下而上不涉及政府的方法。而印度尼西亚、印度和菲律宾的案例则展示了这些措施如何起源、维持，并进一步发展，达到生态高效城市的目标。

亚洲的城市是密集且快速工业化的，因此，从物质中代谢出的废物及污染量非常大。只有运用生态高效的理念才能让这些城市变得宜居又具有生产力。在这一章提到的案例证明，这个概念在亚洲许多城市已经实施，如新加坡，以及日本、韩国、中国的新兴城市，还有亚洲较不富裕的城市，并且都取得了成效。绿色城市主义在这方面的快速发展，是亚洲极具前途的趋势之一。

基于场所的城市

第8章

8.1　介绍

　　让我们想象有这么一个城市，生活在那里的人们整日被青山绿水环绕，建筑仿佛从泥土里生长出来；在那里自然环境对人们有着重要的意义，人们承担着保护环境的责任，因其带给他们幸福的生活；在那里城市与自然环境紧密相连，这一理念也时刻反映在城市建设中。这就是"本土化城市"的特征，这些城市有着强烈的"场所感"，尤其是对水环境的重视，在城市文化中扮演着重要角色。

　　场所感是人们对场地独有的特质而认知、享受、赞美的过程，场所涵盖了建成区和自然区（Newman and Jennings，2008）。正是场所感的不同形成了场所之间的相互差异。不仅如此，场所感构成了人与人之间的情感维系纽带，这一纽带场所为载体，是人们情感联系的物质表现。类似的场所感知能够强化社区凝聚力（Beatley，2004）。

　　场所感的强化能够激发人们绿色城市化的意识，并且对构建弹性化城市起到至关重要的作用。今后常见的现象是，城市或地区通过培育独特的场所感以提升其经济水平和社区凝聚力。场所感的发展有助于社会资本的培育，使社区整体受益。纽曼等人（2009，p.82）提到："当人们对一个城市拥有归属感和认同感时，他们就会考虑在这一城市落地生根并发展他们的事业。"经验证明，一个关系紧密的社区往往能够激发商业需求和供给。

　　社区整合有利于尊重和保护环境，拥有可靠的资源管理，以及采纳新型绿色技术。

　　纽曼和詹宁斯（2008，p.144-155）提出了塑造城市和社区特色的五大策略，它们分别是：

　　1．保护重要的现存自然与历史文化遗产；

　　2．通过设计凸显历史和现有的社会与生态进程；

　　3．城市间联动，形成更广泛的生物区；

　　4．利用文化和艺术来塑造和加深城市特色；

　　5．挖掘城市的"历程之歌（songlines）"，即本土文化及典故等。

　　这些策略都是互补的，并将在本章的案例研究中进行示范与说明。此外，这些策略都既强调了自然元素，尤其是水以及文化元素、艺术和设计，它们对于加深城市特色是十分重要的。本章以亚洲地区具有地方特色的城市为例，提出四大主题。这些主题分别为：

　　6．水敏性城市设计；

　　7．传统、本土建筑形式的再解读；

8. 社区公众参与；

9. 公共艺术。

本章由这四大主题构成。

8.2　水敏性城市设计

许多城市已积极地将城市水道由排水管恢复改造为自然水系统。神圣的地方通常是与水有关，并靠近水的。特别是在亚洲文化中，水一直被视作神圣的，是心灵纯洁的象征，是传统建筑和规划学的重要组成部分，比如中国风水（字面上为"风和水"）和韩国风水（Pungsu-jiri）都是关于风和水模式的研究。因此，对水道、河流、小溪和滨水区的恢复和重建能够促进城市或社区与自然环境的重新融合。

昆士兰东南部（SEQ）的"健康水道协会"（Healthy Waterways Partnership）对水敏性城市设计（WSUD）的概念定义为"一种通过对日常生活用水进行智能管理，以形成健康生态系统、生活和生存方式的城市环境规划和设计方法"（昆士兰东南部健康水道协会，2010）。这在本质上意味着，城市发展与水的自然流动休戚相关，水管理必须遵循自然过程。第一个案例探讨新加坡如何处理城市水道和蓄水问题。第二个案例描述埋在韩国首尔高速公路地下的河流是如何重获生机的。第三个案例介绍马尼拉帕西格河（Pasig River）的生态系统是如何修复的。

8.2.1　新加坡城市水道

水是许多亚洲文明的生命线，尤其是新加坡所在的东南亚沿海地区。近水滨海历来促进商业和旅游兴盛。自莱佛士（Stamford Raffles）时代以来，新加坡河沿岸以商业贸易为主导，水与商业贸易和经济繁荣息息相关。新加坡人的环境认知与水道和公园有着密切的联系。这一点也体现在新加坡的河畔等文化符号中。滨海湾（Marina Bay）和勿洛水库（Bedok Reservoir）的重建也验证了这种与水的关系。

8.2.1.1　滨海湾（Marina Bay）滨水区

鉴于新加坡与水的关系历史悠久，这座城市中许多象征骄傲和成功的标志性建筑物坐落于河流沿岸也就不足为奇了。滨海湾有很多标志性建筑，包括滨海剧院（Esplanade theaters）和近期建成的滨海湾金沙综合度假村（MBSIR）（图8.1）。新加坡国家发展部部长马宝山先生（Mah Bow Tan）在2006年滨海湾金融中心揭幕仪式上宣布，滨海湾将有望"无缝延伸中央商务区，成为繁忙的商务经济和娱乐休闲中心"（Mah，2006）。未来的滨海湾不仅仅是新加坡商业和经济中心的一部分，也是人们"生活、工作和娱乐休闲"的好去处（Koh-Lim，日期不详）。这种市中心内的社区

图8.1　滨海湾的标志性建筑
资料来源：Peter Newman.

愿景与"场所感"的想法不谋而合。不久前，中央商务区在非营业时间和周末均出现活力衰退的现象。滨海湾的开发被视为使商业中心重新恢复生机的良方。这就意味着，只要人们想，他们便可以住在离工作地很近的地方。此外，该地区也为举办社区、国内，甚至国际活动等提供场地，成为提升公民自豪感的地方。

2008年，新加坡河入海口建成滨海湾水坝（Marina Barrage），将滨海湾和加冷内湾（Kallang Basin）变成一个淡水水库，即滨海湾水库。滨海湾水坝不仅为新加坡供应大量淡水和休闲场所，而且有利于控制洪涝。与水库的开放空间一起，滨海湾水坝被设计为有坡度的绿化屋顶，并开放给公众使用，这里俨然成为野餐和放风筝等的好去处。

正如第5章所述，滨海湾在开发中大量利用绿色技术，并且卓有成效。滨海湾水坝不仅塑造地方特色，而且绿化屋顶也很环保，能够降低建筑物表面热度。水坝同时还是太阳能研究中心所在地。2009年，滨海湾金融中心获得了许多由建筑和建设局（BCA）颁发的"绿色建筑标志（Green Mark for Buildings）"奖。这些奖项都是对业主和房地产开发商构建和维护环境友好型建筑所作贡献的嘉奖。滨海湾大坝的一个标志性特色就是利用深水水库的冷水管道，配合空调来调节建筑物的温度（详见第5章）。

滨海湾的发展围绕"在花园里工作"的理念进行建造。滨海湾通过空中露台、带状公园、绿色空地和林荫道为公众提供适宜步行的环境。它还是许多当地电视连续剧的外景拍摄地，是所有新加坡人耳熟能详的符号。而滨海湾的浮式平台是新加坡国庆阅兵的场所。这也说明了地方与民族团结之间的紧密联系。

滨海湾的发展虽然尚在优化改善中，但已经相当成功地在新加坡市中心建立本土化社区。滨海湾的开发为地区注入了活力，体现了滨海和水管理区域如何发展成为标志性的多功能区域。

8.2.1.2 勿洛水库

位于勿洛居住区的勿洛水库是新加坡政府通过水敏性城市设计加强水管理、塑造城市特色的又一创举。它最初是新加坡振兴城市水道的工程之一。修建于前采砂场的勿洛水库公园，现在已成为人人都喜爱的公园。公园地理位置优越，通达周边多所学校、居住区和医疗中心，供小区所有居民使用。公园具有丰富的生物多样性，使人们和大自然更加亲近（国家公园，2009）。

过去，尤其是在20世纪60年代，新加坡水道是受到污染的。政府一直致力于治理受污染的水道，创造更为健康的环境，使水成为人们日常生活的一部分（图8.2）。

图8.2 被住房、医院和公共空间包围的新加坡再生水道
资料来源：Peter Newman.

"活力、美观、清洁"（ABC）水计划是一项旨在对淡水水库进行复合利用，以提高水环境舒适度的计划（环境和水资源部，2011）。过去水库通过限制公众使用进行管理，而现在，新举措通过让水库向外开放以提升公众对水库和公共场所的社会责任感，强化公众对于水道的主人翁意识。勿洛水库周围还竖立告示牌，宣传ABC水计划和清洁工作。水库周围的栈道拉近了人与水之间的距离。为了将其开发为社区空间，公园内相继举办多场各种规模的活动，大到妆艺河节（Chingay River Festival），小到学校郊游等。

一条全长3.8公里，将勿洛水库公园和备受欢迎的东海岸公园相连的绿色走廊正在修建中。整个绿廊中有社区花园、休闲场所和体育设施，比如适合各个年龄层使用的运动器材。绿廊中部刚好是勿洛镇中心、勿洛捷运（MRT）站和汽车中转站。其设计理念是为了使居民与步行友好型户外环境更加亲近。

勿洛水库公园是一项有趣的水道复兴方案，既缓解了供水需求，又促进了社交和场所感。

8.2.2　清溪川复兴项目，韩国首尔

清溪川（Cheonggyecheon）或"清澈溪流"，是韩国首尔市中心一条长达5.8公里的河流。自朝鲜王朝起（1392～1897年），清溪川四周环山，水流自然汇聚，最终流入汉江。这条河流正如艺术作品中所描绘的那样，是居民生活的重要组成部分。然而，历史上清溪川和汉江不幸沦为污水排放点。20世纪50年代朝鲜战争后，清溪川变得宽而浅，水很难自然流动，成为周边贫民窟的排水沟。它由此变成了肮脏的废弃地。再后来，贫民窟被拆除，清溪川也被填成清溪路。1968年，一条总长5.6公里、宽16m的清溪高速公路投入建设（图8.3）。这条高速公路一度被视为工业化经济进步的象征。

随着首尔的扩张，位于首尔北部江北（Gangbuk）的旧中央商务区（CBD）已逐渐衰退，而首尔南部的江南（Gangnam）逐渐发展成为繁荣的新市中心。城市两端的平衡逐渐变得至关重要。此外，随着韩国经济的稳定，国家的重心转移到环境问题上。清溪高速公路被视为首尔闹市区噪声和空气污染的罪魁祸首（Kelley，2008）。2000年年初，江北被重新规划为一个集历史、文化、商务、金融和旅游为一体的环保的市中心。而其关键振兴举措之一就是恢复清溪川，拆除覆盖其表面的高速公路。韩国政府提出"绿色首尔"的理念，旨在把首尔的城市形象由"灰色混凝土"变成"拥有清澈河流的、郁郁葱葱的绿色城市"。希望将首尔重新包装成一座"以人为本"和"环境友好型"的城市（见第6章）。实际上，清溪高速公路的拆除也是不可避免的，因为根据评估，其基础设施已经老化，不再安全。清溪川的复原

图8.3　清溪高速公路，1976年
资料来源：*gardenvisit.com.*

能够更好地促进这些目标的实现，尤其是能够振兴周边的社区（Park，日期不详）。

　　在时任市长李明博（后任韩国总统）的带领下，清溪川复原计划在两年内完成。为了达到这一目的，他采用了市政府、居民委员会和研究小组三方协调的方法。为了使民众认可清溪川复原计划，项目负责人必须打消民众对于高速公路移除后交通堵塞的疑虑。居民委员会建议研究小组进行现场交通模拟，同时劝说人们在建设期间少用汽车。为了响应道路畅通号召，首尔市议会设置行人寻路标志来增强街道的可步行性（可持续城市，2011）。公民委员会开展调查，使公众得以参与其中。在项目的开展过程中，这些调查为市民参与决策过程提供发言权。2005年，清溪川复原计划完成。

　　李明博市长通过该项目，树立了良好的政治形象和业绩，并借此登上总统宝座。这确实令当地居民对清溪川复原项目产生了一些负面情绪（Kelley，2008）。不过，尽管遭到诟病，这条河的重建仍然大受欢迎。现在，它已成为当地人和游客聚集的地方。每周约50万人在这里沿着河边散步（Kelley，2008）。沿着清溪川两岸，有许多休闲座椅供全家和儿童休息。他们可以一边将脚泡在清凉的溪水中，一边欣赏美景（图8.4和图8.5）。

　　这条河之所以受欢迎，在一定程度上是由于河流的恢复带来实实在在的好处。这些好处包括改善了空气和水的质量，降低了噪声，以及减少了城市热岛效应。河流的恢复使得在其周围400米范围内的地方平均温度下降3.6℃。而进城车辆也减少了2.3%，人们使用公共交通工具的频率明显上升，其中公共汽车增加了1.4%，地铁增加了4.3%。这些交通方式每天可输送约43万人。2009年，生物多样

图8.4　清溪川河畔的起点
资料来源：Peter Newman.

图8.5　清溪川河畔
资料来源：Peter Newman.

性数据显示，有213种植物、鱼类、鸟类和其他生物在这片重建后的栖息地上繁衍生息（Stein，2009）。河流沿岸的房产价也有所提升（Biggs，2010）（详见第6章和第7章）。

清溪川复兴的一个目的是使城市能够重新发展它的历史根源（Park，日期不详，p.11）。用混凝土铺路的挖掘过程中发现的古物，比如老桥的基石等，都在河流沿岸保存并且展示着。在600年悠长的历史里，这些古物映证并且加强了人们的自豪感。沿着部分河畔的一面陶瓷墙上述说着古老的韩国（图8.6），沿着溪流的一些小的地标同样记述了它的历史。这些标志的其中一个例子就是"洗衣点"，它让人回忆起这条河被用作日常活动如洗衣服的那段时期（首尔市政府，2011）。清溪川文化中心是一幢沿着溪流的6层楼高的建筑物，它讲述了清溪川的过去和现在的故事，诉说着城市的历程之歌。桑德克（引自：Newman and Jennings，2008，p.154）认为"分享故事可使人们团结一起，帮助他们塑造新的集体故事。"设计者在闸门的上游设置了文化墙，其作用是让韩国本地的历史和文化能为人所知。该项目吸引了五位当代的艺术家来探索"人与自然的和谐"的主题（首尔市政府，2011）。他们的作品都体现了环保意识，因而这些作品得到了游客的赞赏。

图8.6　人们享受着在清溪川河畔散步和石头中穿行。沿着部分河畔的陶瓷墙述说着古老的韩国
资料来源：Peter Newman.

该项目邀请了2万名市民在10厘米×10厘米的瓷砖上作画，这些作品拼起来成为"希望之墙"（首尔市政府，2011）。这面墙创造了人与建成环境之间的亲密感，因为人们在创造这面墙时出了一份力。项目过程中修建的许多广场为本地和国际的艺术家提供了丰富的表演空间。这些多种多样的创新形式帮助创造并且加深了场所感。

但是河流的恢复也并非是完美的。在20世纪70年代，清溪川高速路的建设使道路两侧吸引了众多商人。而高速路的拆除意味着这些商人不得不搬迁。建立公民委员会的目的以及重点就是试图解决商人与政府之间的冲突。作为该地区的绅士化推动，该项目受到了一些人的批评。事实上，该项目是不可持续发展的，因为它需要高耗能地从汉江抽水。但是，很多人都认为恢复河流更有价值（维达尔，2006），而这些好处是无法被量化的。

尽管有许多明显的不足，但是将高架桥拆除来恢复溪流这一重大举动传递出十分有力的观念与信息。一些高架桥的柱子被留在了溪流的Jonchigyogak区域提醒人们这里的历史发展。它们告诉了人们变化的可能性与绿色未来的演变过程。清溪川的恢复成了其他政府的典范案例，如上海和东京都把这个项目当作可能性的参考案例（Vidal，2006）。清溪川的改造成为了一个新型绿色经济与绿色城市化的象征。

8.2.3　帕西格河，菲律宾

帕西格河位于菲律宾，是一条连接着贝湖和马尼拉湾的27公里长的河，并作为重要的交通路线。四条主要的支流、47条小溪以及入海口（河口）都流入了帕西格河。在该国的历史长河中，帕西格河是城市的生命线以及经济活动中心。随后工业化、工厂、主要油库都沿着河发展起来，而这条河则逐渐成为处理液状污物的地方。马尼拉也经历过人口快速增长的阶段，在1903年时为21.9928万，到2007年已登记居民已增长到1150万。其实如果包括未登记的居民，人口预计接近1600万。从支流流进帕西格河的垃圾，以及沿着河流岸边的非正式住房建造都加剧了帕西格河的污染（菲律宾绿色运动，2009）。河流的污染变得越来越严重，致使了居民和游客的离开（图8.7）。在1990年，这条河被宣布生物学死亡。

因此帕西格河亟须整治。帕西格河整治委员会（PRRC）成立于1999年，其主要职能是确保帕西格河回到其历史状态，以及使帕西格河拥有交通、娱乐及旅游的功能。他们利用四年的时间完成第一阶段的整治（帕西格河整治委员会，2012）。该项目成了政府的首要任务。他们建立分支机构来监督不同的任务，例如整体的项目管理、管理固体和液体废物，以及改善居民生活条件（环境和自然资源部，2011）。图

图8.7　帕西格河的污染
资料来源：istockphoto.com.

图8.8　帕西格河
资料来源：Luis Liwang，检索自：Multiply，2009.

8.8是河流修复后的情景。

　　超过100个公共团体和私营部门加入了整治工作。其中一个项目是由一组名为"河流战士（River Warriors）"的小区志愿者团队负责的（Galarpe，2010）。河流战士们接受了执法、领导能力、纪律、个人发展和自卫方面的训练，同时也受到了环保方面的教育，他们宣誓要维护帕西格河（Galarpe，2010）（图8.9）。河流战士已经成为河流恢复中的关键所在。参与帕西格河整治的另外一个组织是清洁绿化基金会（Clean and Green Foundation）。基金会的资金来源于个人和私营部门，它们作为奖励，赠予那些能把自己部分保持得最干净的居民。

　　河流对地方感是极其重要的，它们为城市提供了呼吸空间。水还有着经济和心理上的效益，这是其中很重要的一方面。

图8.9　帕西格河流战士授予仪式
资料来源：Galarpe, 2010.

8.3　重释传统与乡土中的自然文化遗产

保护和恢复城市自然文化遗产的关键要素是由纽曼和詹宁斯（2008）为了强化地方意识所提出的五大策略其中的一点。其中的问题在于为了防止成为过去的空洞的仿制品，要使传统与当前环境息息相关。日本工程师已经找到了一种方法，使他们能够传承传统的建筑技术，而不是淘汰这些技术。神道伊势神宫（Shinto Ise Grand Shrine）每20年重建一次，每次重建都利用了传统技术和与其相关的新技术与材料。这确保了古老的本土建筑保持最新状态。在伊势神宫作为一个一定规模的建筑体提供了示范案例的同时，中国广州的土楼公舍也成了一个重新诠释小区规模的传统乡土的案例。

8.3.1　土楼公舍，中国广州

传统建筑往往具有环境敏感特质和被动式设计策略，它可以激发现有的建筑设计。

中国广州土楼公舍项目提供了一个有趣的案例，它在现代环境中重新诠释了传统建筑乡土化（Saieh，2009）。土楼是传统客家住房的类型，一般位于中国南方炎热地区，类似广州这样的地方（图8.10）。土楼的特色是朝向内部庭院空间的生活区，这样的空间提供了拥有遮阴效果的户外空间。朝向外部空间的窗户（或开口）是比较小的，它们满足自然通风，同时还避免了夏天阳光大量照入内部区域。土楼类型已经得到了中国建筑公司的重新诠释，都市建筑师利用这种形式在广州为低收入的打工民众设计了220个房间的公寓大楼来解决住房问题（Saieh，2009）

图8.10 传统客家土楼
资料来源：Saieh，2009（摄影：伊万·巴恩）。

图8.11 在广州的都市建筑师的重新诠释
资料来源：Saieh，2009（摄影：伊万·巴恩）。

（图8.11）。

都市建筑师的这种重新诠释是将居住户型与包括一个内部庭院的公共空间混合起来（Murray，2010）。内部庭院的设计可以根据需求获得阳光或遮阴，而另一重要的部分是确保小区的氛围。这种类型的设计为小区生活提供了开放的公共空间，以弥补比较小的居住空间。

　　住宅单元通过提供视觉连通性实现被动式监督，由此满足了居住的安全性，在社区内部创建了一个无形的信任网络。

　　广州土楼公舍的重新诠释作为现代住房的设计解决方案，比起广州的其他民工住房，已经获得了极大的成功。这种创新的重新诠释成功地使空间能够自然采光和通风，减少了电力需求，是一个关于未来如何进行可持续与高成本效益设计的典范，也是关于如何设计基于地方传统进行建造的典范。该项目于2010年入围了阿迦汗建筑奖（Aga Khan Award for Architecture）。

8.4　场所感、自豪感和公众参与

　　本节叙述了一些社区营造的案例。这些案例研究表明在低收入地区进行社区建设可以使人们获得新的知识，并提高他们对自己的社区现在和未来的认知。

8.4.1　一村一广场，印度尼西亚Babakan Asih

　　印度尼西亚都市化组织发起的"一村一广场"计划为印尼南部万隆Bojongloa kaler区（原坦帕区）Babakan Asih村贫民窟的孩子们提供了游玩空间。该村地理位置优越，有众多服务设施，市场、城市中心广场、中心客运站、娱乐中心和医院都位于步行易达范围内；但是该地区缺乏开放空间，特别是给孩子们游玩的健康而安全的空间（都市化的社区，2010，p.1）。因此这个项目的愿景是提高城市环境质量，改善现有条件，并为当地的孩子们提供游玩的空间。

　　一村一广场计划的主要目的是：

1. 为孩子们游玩和成长创造安全的公共空间。
2. 提高公众意识，营造一个健康的环境。
3. 引导当地社区独立管理环境。
4. 通过公众参与为社区经济提供支持。

　　一村一广场计划也包括提供优良的城市环境；因此，该计划还包括改善基础设施和实施防洪措施等活动。一村一广场计划中的环保计划进一步推动了与Common Room网络基金会合作实施的2008年"可持续的万隆（Sustainable Bandung）"社区发展计划（Common Room网络基金会，2011）。这个计划的核心是通过定期集体讨论来确认万隆的生态条件，并提出多个可供选择的改善方案。作为其中一部分内容，当地居民绘制了地图来识别村子的地形轮廓，用以为洪水易发地区设计新的排水系统。

　　一村一广场计划是私人出资，采纳了当地社区和设计、规划、建筑专业人士多领域协作的意见。在一系列的头脑风暴、严谨的研究和设计的评判过程中，公众在获得项目的最终成果上起到了不可估量的作用。这种责任感和主人公意识也有助于创造场所感和归属感。

一个更实际的问题是17口井的建设和维护，这些井是用来减少雨季洪涝频率并储存雨水备用的。社区在井的建设以及其他方面的改进中所扮演的角色加强了当地社区的自豪感，并且使他们在改善环境的建设中更加积极。自从这个防洪系统投入使用以来，比起井建设之前，洪涝持续的时间由7天减少到了仅仅半小时（图8.12）。

由于有了新的水源，爱米德尔顿当地的社区在雨季在防洪井中放入成长中的鲶鱼，这一举措是为了"清理"蚊子幼虫，并尽量减少疟疾和登革热的传播。繁殖出的鱼则拿到附近的市场出售。井的建设同时也促进了公共空间的使用：那里现在十分热闹（图8.13）。这个计划也激励着印尼全国许多其他社区，越来越多的人理解了创造一个可持续的居住环境的好处，社区的场所感也得以加强。

图8.12　当地社区协助防洪井建设
资料来源：都市化的社区，2010.

图8.13　爱米德尔顿村的新公共空间
资料来源：都市化的社区，2010.

8.4.2 学校建设：孟加拉国西北的现代教育与培训学院和巴厘岛的绿色学校

本节介绍了两所学校的建设：孟加拉国西北的现代教育与培训学院（METI）和巴厘岛的绿色学校。这些学校说明了社区参与到公民生活中的重要性以及社区营造作为增强当地生态意识基础的重要性。

8.4.2.1 METI——"手制"学校

METI（现代教育与培训学院）位于孟加拉国西北的鲁德拉普尔（Rudrapur）（图8.14），是当地的非政府组织Dipshikha提议建设的，这个组织由社会工作者、教师和年轻人组成，其目标是帮助"人们认识到村庄的价值……，并建立孩子们的自信心和独立性以加强他们的认同感"（Heringer，日期不详）。人们希望通过改善农村的生活质量来减少乡村向城市的移民。建筑师Anna Heringer和Eike Roswag主导这所学校的设计和建设，并与当地工匠、学生、家长和教师密切合作。如此强有力的伙伴关系使得学校在短短四个月的时间内建成。学校完全靠手工建造，因此它有一个非正式名称："手制学校"。这个学校获得了2005～2007年的第十届阿卡汗建筑奖（阿卡汗建筑奖，2010）。

这个学校体现了三条策略（METI学校，2011）：

1. 具有代表性的公共建筑建设给夯土建筑带来良好的发展景象。
2. 建造居住建筑作为低成本环境友好型房屋的典范。
3. 当地工匠和建设者的培养是可持续发展的基础。

该项目的总体规划分两个阶段进行，第一阶段是学校建设的完成，第二阶段是学生宿舍的建设。

图8.14　METI手制学校
资料来源：Krisenki, 2008.

学校的设计基于孟加拉国当地传统的夯土建筑（Heringer and Roswag, 2010）。但是用这种方式建设的问题是完全不防水，因此容易快速劣化。建筑师在设计过程中发明了一种防水结构。此外，他们还采用了砖石基础加强传统全土结构的结构完整性。这些对现有建造土楼技术的调整再一次与社区相关，25名当地商人在施工过程中受到了在职培训（Heringer and Roswag, 2010）。

这所学校是由砖、竹子、泥土和稻草组合构成的。砖是孟加拉国制造业中最常见的建筑材料，这些砖用当地黏土制成，由于村子里没有制砖的人，砖石构建外包给了位于20公里外的地区首府鲁德拉普尔（Rudrapur）的一家公司。鲁德拉普尔当地的工人则分配到土石方工程和竹结构建设。这是一个为了当地的需求，不仅鼓励地方企业参与，而且结合更大区域产生区域业务的案例（Heringer and Roswag, 2010）。

建筑师Anna Heringer介绍，这个项目的建设没有使用吊车，"但是有很多人参与……400吨潮湿的土仅仅靠人力和牛/水牛进行搬运，孟加拉人头上顶着的篮子代替了手推车。"学生们早上按照政府标准教学大纲学习，下午则进行课外活动，而学校建设就是课外活动的一部分。当地居民和他们的孩子通过改造自己的居住环境建立了社区自豪感。

8.4.2.2　印度尼西亚巴厘岛巴东的绿色学校

位于巴厘岛巴东（Badung）的绿色学校致力于为学生提供全面的教育。Saieh（2010）介绍道：

环保主义者和设计师John和Cynthia Hardy希望鼓励社区实行可持续居住，其中一点便是向人们展示如何使用可持续材料即竹子进行建设。他们建立了绿色学校及其附属机构：Meranggi基金会（它通过向当地农民赠送竹苗建立了竹类植物园），以及PT Bambu公司（这家设计建造公司致力于推广使用竹子作为基础建筑材料避免热带雨林的进一步消失）。

这里的学生来自世界各地，而巴厘岛当地的孩子则能靠奖学金资助入学，这使他们能接受加入了巴厘岛传统和文化的国际标准教育。年幼的孩子的课程安排受到率先提出全面教育的Rudolf Steiner著作的影响，年长的孩子则有机会学习着眼于可持续发展的绿色研究、创意艺术等额外的学术课程。

可持续型校园内拥有各种有建筑意义的地方，包括大型的多层公共空间、教室、体育馆、教工住宅、办公室和咖啡厅。作为当地可持续性发展的策略，竹子被用于各类创新与实验以证明各种建筑的可能性（图8.15）。其结果是建立了一个全球性的具有巨大教育使命的绿色社区，这里提倡学生具有好奇心，从事和热爱地球与环境相关的事业。

Osanai（2009）解释了绿色学校的理念：

图8.15 学校建筑主要由竹子以创新的方式建造
资料来源：绿色学校，2012.

……它帮助青年获得绿色运动精神中的领导能力，并将他们学到的知识四处传播。他们见识过所期望的自然世界，然后带着独特的视角在大城市中工作。绿色学校的建立者认为让孩子们见识到相互对立的生活状态会让他们在世界上更加活跃。因此他们招收来自世界各地的学生。虽然这里是一个国际化的环境，但日常学习仍使用英语和印度尼西亚语。

学生们住在当地家庭中，他们能体验岛上的居民的日常生活，这些经验会使他们对世界有更多的认知。

绿色学校主导的项目希望使当地社区认识到创造一个绿色可持续社会的基本原则，并培养出独一无二的地方意识和认同感。其过程包括培养年幼儿童的社会和环境责任感，让学生动手学习建设技能，促使他们能有实际的系统化的方法谨慎地改善他们的居住环境。该项目还为当地的孩子提供了接受教育的机会，希望他们能借此摆脱贫困，这也是促进社会发展的重要方面。因此这个项目可以说在许多层面上都十分成功。

8.5 鼓励公共艺术

公共艺术是一种不常见和短时效的通过文化习俗和艺术的手段培养和加深场所感的方法（Newman and Jennings，2008，p.153）。它的规模太小以至于作用几乎被忽略，但它却十分人性化，因此能成为影响人们情绪和行为的有力手段。公共艺术的形式包括从文化节的装置到公园和花园中的诸如凉亭、纪念馆等建筑物，范围十分广泛。而越来越多的景观建筑师利用绿化在城市公共空间进行艺术创作（图8.16）。公共艺术优化了步行空间，为城市环境创造了许多美妙而又惊喜的体验。

图8.16 沿着首尔清溪河的生态艺术
资料来源：Peter Newman.

公共艺术也可以是行动主义的一种形式，形成了环境意识（Justa，2009年）。第6章讲到的光合作用城市化也是体现拥有强烈场所感的公共艺术的一个案例。

8.6 结论

以保护自然和文化遗产为核心的全市范围内的绿色城市主义议程将引领一种新的城市设计趋势，这种趋势使城市的社会历史和生态过程显现出来。本章所介绍的案例研究涉及社区日常使用的公共建筑和基础设施。这些明显的地标性项目是这一趋势的典型代表。新加坡的愿景是成为一个"花园中的城市"，尽管土地稀缺，但仍试图在混凝土森林中保留大自然的绿色和蓝色。首尔无情地拆除了一段高速公路，以便恢复一条河流。如今，这条河已成为城市生活中热闹非凡的活动场所。马尼拉拯救了一条面临被垃圾淹没的河流，使其结构和功能恢复到受损之前的状态。通过对传统建筑类型的重新调整，城市土楼是一种将文化遗产扩展到现代语境的方法，而公共艺术可以增加社区艺术和文化遗产的价值。

自下而上的方法虽然并非完全没有漏洞，但可以确保任何绿色城市化实践能够持续和更成功地实施，特别是在培养地方意识方面。在人们尚未发现社区力量的低收入地区，外部力量（例如非政府组织或重视人道主义的建筑师）需要通过提供志愿帮助，增强社区力量，促进地方主义，改善社区居民的生活质量。从亚洲农村社区参与的案例研究中可以看出，增加当地就业减少了农村到城市的移民，恢复了人们对社区自给自足能力的信心。

　　如果这些基于地方的项目在开展的过程中是充满责任感并且符合道德规范的话，那么它们可以有助于构建社会的集体记忆，这是构建绿色城市主义所必需的。本章阐述了亚洲城市如何在一系列标志性项目中对此加以体现。

可持续交通城市

第9章

9.1 简介

交通是一个城市形态最基本的组成结构。本章内容旨在介绍一些为了向绿色城市主义过渡而采用可持续交通战略的亚洲城市。其中囊括的案例有：印度德里和中国上海的新地铁系统；中国广州的市内快速公交系统（BRT）与公共自行车系统；印度尼西亚日惹（Yogyakarta）采取措施发展更加可持续性的交通；台湾的公共自行车政策；印度浦那的步行广场；印度艾哈迈达巴德名为Janmarg的市内快速公交系统和菲律宾的"E-jeepney"项目。

9.2 德里：向可持续交通系统转型

德里（德里国家首都辖区）是印度面积最大（1483平方公里）、人口第二大（1400万人）的大都会城市。德里是个由不同交通模式发展起来的老城市，经历过由步行到牛车再到汽车的交通转型。它仍在进行着向地铁系统与使用压缩天然气的交通方式的转型。

德里有九个区，整个城市可以被清晰地分成三个部分：旧德里、德里殖民区与包括了东、西、南德里的其他德里片区。由英国政府主持设计的德里殖民区位于德里中心区，包括了康诺特广场（Connaught Place）、总统大楼（President House）周围的中央商务区以及印度门（India Gate）。这一片主要为政府办公与商务所用，几乎没有居住。旧德里［沙贾汉纳巴德（Shahjahanabad）］是一个以步行和牛车尺度建立起来的紧凑的、被城墙包围的城市。它是由莫卧儿帝国沙迦汉（Mughal Emperor Shahjahan）于17世纪建立的，这一片区也拥有许多历史遗迹，诸如红堡（Red Fort）、贾玛清真寺（Jama Masjid）等。尤其重要的是著名的市场——Chawri Bazaar。该片区的道路既狭窄又拥挤，充斥着行人、小轮摩托与黄包车。

1981～1998年间，德里经历了人口与小汽车拥有量的疯狂增长。交通拥挤和空气污染成了德里政府首要关心的问题。大运量快速交通系统的概念最早在1969年的一项关于交通与旅游的研究中被提出。那时，人们开展了各种各样对可能的大运量快速交通系统的研究，1984年德里发展局与城市艺术委员会由此提出了多样化的交通系统这一提案。1995年，德里地铁公司（DMRC）成立；1998年第一条地铁线——红线——开始建设，并于2002年正式开放（德里地铁公司，2010）。目前德里的地铁网络共有6条线路和142个站点，总长189.63公里。这个系统结合了高架铁路、地表（或同一平面上的）与地下线路，平均每日客流量达180万人。德里地铁系统是该城市向可持续交通城市迈进的第一步，并已然成了市民的生命线（图9.1）以及美好

图9.1　德里地铁——真正的快速交通从拥挤的道路上方穿行而过
资料来源：Peter Newman.

图9.2　在供奉着印度猴神的哈努曼寺庙的阴影下穿行而过的新德里地铁
资料来源：Moore，2008.

和谐的象征（图9.2）。Chawri Bazaar地下地铁站已经成为当地居民一个重要的生活节点。地铁站连通城市的其他部分，使该地区焕发生机。

2010年，地铁线延伸至大都市区西南部的一个新城——古尔冈（Gurgaon）。古尔冈拥有150万人口（2011年统计数据），因靠近德里国际机场，这里成了一个就业中心。该城市与德里以一条八车道的城市快速路相连，路上十分拥挤，日均发生七起重大交通事故。与德里地铁的相接成了古尔冈加强市内交通系统规划建设的催化剂。

　　与地铁系统一样，为减轻污染而使用的压缩天然气（CNG）技术也成了一个引人注目的举措（图9.3）。这一改革部分源于民众对于私家车引起污染而进行的抗议（图9.4）。1996年11月，科学与环境中心（CSE）的一项调查印度死亡率与发病率的

图9.3　德里的压缩天然气能源交通工具
资料来源：Peter Newman.

图9.4　人群聚集在一起反对污染
资料来源：德里交通局，2011.

研究宣称印度政府对其负有责任，受负面媒体潮水般的报道与该研究的影响，印度最高法院裁定德里政府须对该城市的空气污染采取措施。德里政府于1996年向法院展示了应对空气污染的第一步。由此，1998年7月，印度最高法院为减轻空气污染，向德里引进了CNG技术。该措施规定，在2001年前城内所有公交车改用压缩天然气燃料，以及用压缩天然气燃料交通工具替代出租车与1990年后生产的自动人力车。此外，该措施还向改换压缩天然气燃料的出租车与三轮车提出经济激励。

随着该措施的施行，共有10200辆公交车、52623辆三轮车、10350私家车、4497辆微型公交车、5043辆出租车、5909辆轻型商用车与689辆商用车开始使用CNG能源。这是一个标志性的转变。随着政策的实施，目前德里所有的公共交通都使用CNG作为能源，空气污染也大大减轻（Narain and Krupnick，2007）。不幸的是，由于私家车数量的增加与柴油卡车的使用，德里的污染水平猛增，远超于前（Pandey，2012）。

德里致力于创造一个可持续交通的城市并为其他城市做出典范。德里政府提出了引入BRT系统的计划，目前正处于第一阶段。此外，德里交通局提出建设一个综合的交通网络，一旦该提案实施，德里的可持续交通网络的发展将会有质的飞跃。

9.3　中国上海

上海是中国最大的城市，也是世界最大的城市之一。这是一个坐落在扬子江口、长踞中国最大金融中心的重要港口城市（图9.5）。上海市土地面积为6340.5平方

图9.5　上海天际线
资料来源：摘自Fisher，2012.

公里，其中有6218.65平方公里的陆地面积和121.85平方公里的水体面积。该城市南北跨幅约120公里，东西跨幅约100公里，行政上划分为18个区和1个县。至2009年年底，上海市登记户籍人口达1371万人，居住超过半年的居民人口共1921万人。上海发展定位包括创造了国际化的经济、金融、贸易与船运中心，从而成为现代国际化大都市。

上海以拥有中国最好的交通系统之一而自豪。它的交通系统包括了11条地铁线、1100条公交线路、50000辆出租车以及20条水运航线。在过去的10年中，随着市中心鼓励公共交通的政策，上海市每年投入GDP的2.9%用于交通基础设施建设。其中，又有41%的投资用在了地铁方面。上海市政府的活跃性与公共部门的参与才让如此巨额的交通投资得以实现。

不同时期上海交通系统的发展体现了该城市的交通系统如何由私人交通导向型向可持续交通导向型转变，它影响了整个城市的结构与市民的生活。这个转变大致分为高速公路建设时期与地铁建设时期。

9.3.1　高速公路建设时期

从20世纪80年代到1997年，随着中国快速经济增长，上海经历了迅速的城镇化。上海市政府开始建造交通基础设施以支持快速的经济增长。那时，上海市政府被美国一些市民拥有私家车的城市的合理交通网络与"舒适生活"理念所吸引。上海的经济增长刺激了许多市民购买私家车，市政府的政策与交通基础设施的修建也催生了更高的私家车拥有率。短短10年内，道路长度便增加了40%，小汽车总量也上升到100万辆左右。到2000年年末，上海市道路总里程数达12227公里，比1985年同比增长84%。其中，7200公里是高速路与航空路线。

然而，只有少数居民可享受到这项基础设施建设带来的便利，大部分没有私家车的市民仍然将公共交通与自行车作为主要的出行方式。1993年，上海市内公交车速度平均为8公里/小时，十分拥挤。在一些拥堵路段，步行甚至都比公交车快。来回的时间也相当长。对于那些住在浦东（黄浦江东岸）而在浦西（黄浦江西岸）工作的人，来回的时间甚至可能长达3小时。

9.3.2　地铁建设时期

人们对于上海交通系统的不满与日俱增。上海市政府意识到需要有更大的道路面积缓解飞速增长的小汽车拥有量，不管多大规模的高速公路系统都无法应对这一问题。新增道路建设在短时期内缓解了上海的拥堵问题，然而城市却变得愈加拥堵。在高峰期，拥堵现象格外严重。一个健康和可持续的公共交通系统才能支持上

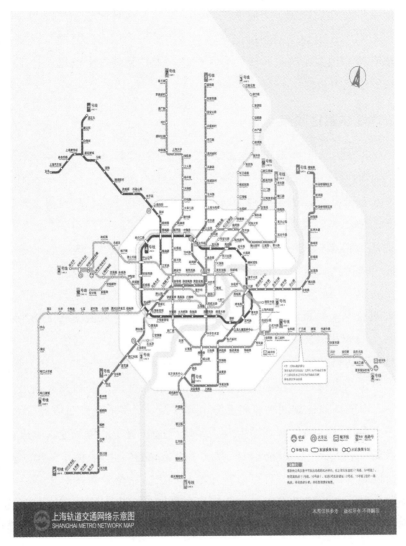

图9.6 上海地铁网络
资料来源：上海申通地铁有限公司，2010.

海市的经济与社会发展。这让上海市政府意识到一个良好的公共交通系统——特别是地铁系统——才是解决问题的良方。

20世纪90年代伊始，上海市开展了大面积的铁路建设，第一条线路与1995年正式向公众开放。截至2012年，上海市共有11条地铁线、280个站点、总长约420公里（图9.6）。预计至2020年线路将增至22条。地铁服务人数在2000～2005年间以年均37%的速率急剧上升。2010年底，日均总客运量已增至800万人。80%的城市建成区被地铁网络覆盖，上海的地铁系统已跃居全世界最大的地铁系统。

上海地铁系统在短短10年间使城市转型，是一个极具代表性的案例。地铁系统减轻了小汽车需求，也直接或间接地减轻了道路系统的压力。公交车、步行以及自行车系统还有待与地铁系统进一步融合，但这一地铁系统本身就已经让上海在通往可持续城市的道路上迈出了一大步。

9.3.3 交通需求管理政策

除了地铁的引入，上海的机动化也发展迅猛。9年间，机动车由46.6万辆增长至221.7万辆，年均增长率为21%。为了缓解拥堵，上海市政府出台了一系列交通需求管理政策，包括公共交通优先原则，通过车牌拍卖控制小汽车拥有量，限制汽车停放与摩托车的使用等。此外，20世纪90年代后期，为了减轻交通引起的空气污染，政府提倡使用无铅燃料或液态石油气（LPG）燃料。2006年，这一政策进一步规定排放不达标（未达到欧洲一级排放标准）的交通工具将被限制出行。

公共交通第一项政策通过确保在土地与交通投资中优先考虑公共交通、确保公共交通的实施效率来发展以"公共交通为主要交通方式、私人交通工具为辅助"为目标的公共交通模式。2007—2009年，上海市优先发展公共交通的三年实施计划稳步推行，总投资达1100亿元。实施计划规定，从上海市中心任意一点出发，在500米服务距离内可由公共交通站点通达全市，且市中心任意两个公共交通站点间的行驶时间在一小时以内。该计划同时也向上海市郊区提供更多的公交车服务。

牌照拍卖制度从1994年就开始生效了，执行这个制度是为了控制上海快速增长的机动车数量。在2006年，68654个车牌以平均为46435元的中标价售出。在这个政策之下，车辆牌照终生有效并且可以转让给其他人。这个政策还产生了一些意外的结果，例如减少了低价机动车以及在临近城市领牌照但在上海使用的车辆的需求。不管怎样，牌照拍卖制度都已经控制住了汽车的拥有量的增长。例如，上海的机动车比率已经比北京低了。

上海为了减少汽车使用也调整了机动车停车收费标准，停车费在城市的不同区域有不同的标准。在中央商务区，政府通过布置极少的停车区域和收取高昂的停车费用限制停车；在城市的其他地区则会提供更多且更低收费的停车位，尤其是城外靠近交通枢纽的停车场中，这是为了鼓励私家车乘客在进城前换乘公共交通；而在乡村地区，停车几乎没有限制。停车设施分为不同类型：小区停车场、办公停车场、公共停车场、沿街停车场和公共汽车专用停车场，这满足了不同的停车需求。例如，协调办公停车场和周围道路的通行能力；通过行政和经济措施限制沿街停车，以及满足公共汽车和公共汽车站周边的停车需要。

上海已经颁布了摩托车限制规定。由于摩托车是一种非常灵活且快速的交通工具，它们的数量增长得非常快，但与其他问题一起降低了道路的安全性。因此，上海政府实施了一条政策以逐步减少摩托车数量，并且加强摩托车的监管。这条政策限制了摩托车在中心城市的特定道路的使用并且增加了关于摩托车使用的交通规定。最终，摩托车在交通拥挤和秩序方面的消极影响被降低了。

9.3.4 2010年上海世博会期间的交通

上海2010年世博会的展览和场地设计中有大量的绿色城市化特征。特别是交通规划，它在保证世博会成功举行、让城市的整个交通系统受益的同时，也旨在展示一系列的绿色交通创新。这座城市用这次机会创造了一套多模式的综合交通系统。对长达184天的上海世博会进行建模预测显示，大约平均每天将会有40万位游客参观世博会，高峰日可以达60万人，极端高峰日将达到80万人；此外，游客在一天之内不同时期的预测数量也是极端不均衡的。交通需求管理必须要能应对这种形式下的交通需要。为了解决这个问题，上海政府通过细心的规划和管理交通确保最小化的私家车依赖性。政府采取了五条主要策略确保进出现场的交通畅通：构建地铁连接点，设置进出城市的公交专用道，一条水上巴士专线和换乘停车中心。规划的地铁交通会承担一半的世博运输，有三条地铁线路将服务这块区域。在2010年世博会期间，公交专属线提供给有着大容量的长途公交，而轮渡站则被改造以方便人们直接到达会场，可运送大约5%～8%的游客。

9.3.5 总结：上海的可持续交通

城市交通是一个城市最为基础的公共设施，交通设施支持着一座城市的发展和居民的日常生活。上海政府一直在为提供一个更加可持续的交通系统而努力，而它的好处将开始在这个或许是全世界最具战略性的城市中显现出来，并且一旦成功，中国现在爆发性的城市增长将有一套符合可持续发展和绿色城市化的模式。

9.4 BRT和自行车共享模式，中国广州

广州市是一座1270万人口的城市，其人口密度高达每平方公里1708人。广州已经在全城做过很多普及可持续交通方式的措施，包括实施快速公交系统（BRT）和一套用于与地铁系统形成互补的自行车共享计划（交通与发展政策研究协会，2010；联合国国际博览局和上海市政府，2011）。BRT系统于2010年2月正式开放，由980辆公交车、26座站台和覆盖范围为273公里的23公里专用主干线（双向道路）组成。BRT出行是采用一票制，在2011年这个系统每天要运送84.3万人次，单向高峰客流每

小时可达到2.74万人次，高峰时期单方向上每小时有350辆巴士在运行。这套系统导致公交车的速度提高了30%，使公交车在高峰时刻仍可以17～19公里/小时的速度运行，平均每趟BRT出行可节省6.63分钟，大约是每年3000万个乘车时。这套系统已经变得非常受欢迎，乘客满意度从2009年12月BRT开通前的29%提高到2010年BRT开通后的65%。除了BRT系统之外，一套自行车共享系统已经设计出来用于补充地铁系统。自行车共享系统于2010年6月开通，拥有5000辆自行车和113个自行车站点，大多数站点都分布在毗邻地铁站的地方。规划中将会在恰当的时候将自行车数量增加到15000辆，增加自行车基础设施并且还会在BRT站点处补充5000个自行车停放位。

9.5 可持续交通发展，印度尼西亚日惹市

日惹市是印度尼西亚中爪哇省一个重要城市，是一个以艺术、文化和教育中心著称的城市。在大都市区域中它大概是2389200人的家园（统计于2010年）。就像大多数亚洲区域的城市，日惹市也经历了快速的城市化进程，尤其以农村进城的移民为主要形式。这也最终导致交通拥挤的增加和空气污染的增加。为了对付这些问题，这座城市已经想出了各种各样的方案提升其交通基础设施。特别是，这座城市已经考虑在受人欢迎的万宝路（Malioboro）区域设置行人专用道来促进复兴。此外，这座城市也在推动骑行和建立BRT系统。

万宝路是日惹市的城市中心并且是这座城市的许多文化商业活动的中心地。Pustral UGM［交通物流研究中心（Center for Transportation and Logistic Studies）、加札马达大学（GadjahMada University）］和前任市长一起提出了万宝路的交通管理政策和区域步行化的计划，他们想要复兴这座城市的中心、减少交通拥堵、局部化空气污染并且提供步行专用的区域。这个计划是重新发展图古高铁站（Tugu Railway Station）、万宝路步行街和重新开发这块区域的关键地点。

Pustral UGM提出的计划模式决定了这些措施将使每辆机动车减少18分钟的延误，减轻交通拥堵的严重程度，每年减少等同于69亿印尼盾的生产力损失，以及使该区域空气污染度降低38.5%（Zudianto and Parikesit，日期不详）。各种各样的计划已经开始实施以改善该区域的骑行环境，包括开发显示骑行路线的"绿色地图"，开展一个"骑着自行车去上学去上班"的项目以及提升加札马达大学校园的骑行环境。绿色地图已经形成了城市的单车地图，其中明显地标出了那些连接了全城重要地点的自行车友好型线路。骑着自行车去上学去上班（Sego Segawe Sepeda Kanggo Sekolah lan Nyambut Gawe）项目是由苏丹（Sultan）在2008年建立的，他想要通过教育和娱乐项目使骑行这种交通方式的份额增加到占所有出行方式的10%。加札马

达大学是印度尼西亚最古老的大学，学校实施了一个名为"Educopolis Campus"的项目来创造一个更加有益的、安全的、和平的校园。这个项目包括绿色自行车的供应、交通认证卡，通过重新组织街道使更多的自行车可以自由移动，并提供校园巴士和免费的停车服务。这个项目仍在运行中，且结果喜忧参半。交通部2008年开始在全城推广快速公交系统"Trans Jogja"。这个系统有6条线路跑在日惹市的主要街道上，其覆盖范围延伸到了北边的Jombor汽车站、南边Giwangan的主要汽车终点站以及东面Prambanan的公交候车亭（经过苏吉托国际机场）。尽管这个系统虽然没有运行在专用的公交道上，但是每天从早上6点运营到晚上10点已经使它非常受欢迎了。

9.6　自行车共享：C-Bike，中国台湾

　　公共自行车共享系统越来越受到欢迎，它将补充公共交通系统，使整个系统可以到达更远的地方。自行车共享系统在全世界快速推广，例如巴黎的自助单车系统以及中国广州的系统。自行车共享系统凭借一个简单的理念运行，即人们从一个站点借到一辆自行车又将它还到另一个站点。它们是短途出行理想的工具。

　　它们易操作且能够融入现存的交通系统中。C-Bike是台湾的第一个自行车共享系统。台湾以摩托车和繁忙的街道闻名。与此矛盾的是坐落于台湾西南地区的高雄市。政府花了很大力气推广自行车系统，高雄市当然也不例外。这样做是为了向居民推行一个绿色城市以及为高雄市2009年的世界运动会做准备。高雄市是台湾第一个提供自行车共享系统的城市。这个系统叫作C-Bike，包括50个站台、4500辆自行车和180公里的自行车线路，这些线路覆盖了这座城市的中心、主要目的地、地铁换乘站和主要街道。这个系统是自助服务的且全天24小时可以使用。就像许多其他的自行车共享系统一样，它的操作是通过一个电子会员预定的方式。自行车在第一个30分钟内是不收费的，过了这个时间后开始收费，它鼓励了人们使用自行车实现短途出行。这个系统建设是采用建设-经营-转让（BOT）的原则，总计9000万新台币（256万美元）花费中，1500万新台币（44.4万美元）来自环境保护部门的空气污染控制基金和城市政府，还有6000万新台币（177万美元）来自中央政府的经济刺激计划。这个系统是由董力发展公司（Tung Li Development Co）运营。

　　C-Bike系统非常受欢迎，总的骑行时间已经从2009年4月的5433小时增加到2009年12月的超过30000小时。截止到2009年年底，C-Bike系统估计已使全市减少了200吨的二氧化碳排放量。这个系统还启发了台北的YouBike自行车共享系统和韩国昌源市的"Nubija"（单车伴我旁，趣味欢乐行）系统（图9.7）。

图9.7 努比亚自行车共享系统，韩国昌原
资料来源：Peter Newman.

9.7 普纳的步行广场，印度

一脚跟着另一脚向前移动，这种美，引导我从这条路走向那条路，给了我一种属于这个尘世的感觉，这是坐在呼啸着穿过城市的汽车中所不能提供的。

对于一个城市的印象是对于它的街道经历，如果街道是丑陋的，那么这个城市也是丑陋的；如果街道是有吸引力的，那么这个城市也是有吸引力。如果一个平民不为其所在城市的步行空间抗争，那么这座城市将失去它的文化和特质！克里斯多弗·贝宁格，2010（城市设计师，普纳）。

印度普纳的甘地路（MG路）是非常拥堵的商业路段（全球有一个恢复在市中心原本用来行车和泊车的空间的趋势），也正如在墨尔本、波哥大、哥本哈根和纽约所见的那样。适于步行的城市中心所拥有的经济效能和活力现在已得到充分的认可。根据这一趋势，在周六和周日的下午4：00至晚上10：00，MG路转换成了无车的步行广场。这个转换的想法产生于最高法院和INTACH[①] [印度艺术与文化遗产国民托管组织（The Indian National Trust for Art and Cultural Heritage）]的普纳分会发起的一场为拥有明确无车道路的目标而发布的一个空气洁净指标。2003年，中央污染控制委员会（Central Pollution Control Board）宣布普纳将成为印度污染严重的城市的第16名。因此一个监察空气污染的委员会成立了。2005年10月，在普纳举办的由委员会和各种市政公司的利益相关者参加的审查会议中，委员会成员苏尼塔·纳拉因

---

① INTACH是印度最大的非政府组织，该组织致力于保护印度的财富以及各种各样的自然和人工遗产。

图9.8　行人喜爱普纳街道
资料来源：Carolina Tuerel.

（Sunita Narain）敦促市政委员宣布MG路（在普纳宿营委员会的控制之下）和拉克西米路（在普纳市政公司的控制之下）作为行人专用区，至少在节日的时候。这个想法最终被采用，2005年1月，普纳宿营委员会（PCB）宣布有意使MG路变成"步行广场"。

在这个想法宣布一年后，该项目开始实施。项目包括修建人行道，设置路灯照明和（装饰元件），以及道路的表面更新。MG路周围的停车空间增加了付费停车的方案。步行广场的管理交给了能够确保停在MG路的车辆被拖走的活动管理公司，那些阻碍步行广场的两侧车辆将被架起以保障道路清洁。PCB还在路上分配了10个地点作为广告展板，以使活动管理公司获得收益。

最开始店主们反对这个"步行广场"的设想，因为他们周六的业务量将减少80%，因此店主协会要求撤销封路。然而，PCB决心使该项目成功并且对市民进行了调查，发现80%的参与者赞赏步行广场。有10000～20000人在周末会光顾步行广场。亲朋好友在广场周围边走边聊，孩子们在玩耍，树上都装饰着节日彩灯，并且商店吸引了比之前更多的人（图9.8）；一些餐馆在街边设置了桌椅，Wi–Fi覆盖整个区域。此外，步行广场还对环境有着直接的裨益。经测试，在步行时间段里噪声和空气污染都有所减少，数据表明空气污染减少了40%～50%，噪声值降低了32%～40%。[1]

---

[1] MG路由于安全问题已暂停服务。

9.8 Janmarg，"人民的道路"：艾哈迈达巴德快速公交系统

BRT系统正在变得越来越流行，特别是与其他交通方式相配合时，比如自行车共享计划。BRT是一种灵活的、胶轮形式的快速交通，是一种结合车站、车辆、服务、运行方式和智能交通系统的元素于一身的具有明显特征的综合系统［交通合作研究项目（TCRP），2003］。一个成功的BRT系统案例就是在印度艾哈迈达巴德市的"Janmarg"（亚洲发展银行，2010）。这是印度首个完善的BRT系统，是2009年印度政府授予的最佳轨道交通项目的赢家，并且于2010年获得由交通和发展政策协会颁发的可持续交通奖。

艾哈迈达巴德政府意识到，只有随着长期愿景，城市才可能在提高公民的生活质量的同时维持发展。因为最成功的城市都有高品质的公共交通系统，政府将实施可持续的交通运输系统作为其基本目标，从而提高居民的生活质量，加强城市的竞争力。为了实现这个目标，他们选择实施BRT系统，称其为"Janmarg"，即人民的道路。

2005年，古吉拉特邦政府宣布当年为城市发展年，自那时以来便一直专注于提高城市环境。艾哈迈达巴德是一个拥有超过500万人的城市，一直经历着汽车拥有量的快速增长和公共交通使用量与步行量的减少。因此，这个城市也同样经受着交通拥堵和空气污染的增长。此外，城市的土地利用是分隔开的，居住用地主要在城市西部，而工业用地主要集中在东部地区。

该项目是受到了波哥大（快速公交）和库里提巴BRT系统的成功的影响和启发。然而，它的规划和设计都被调整以适应艾哈迈达巴德的具体条件和趋势。一份出自环境规划与技术中心（CEPT）向古吉拉特基础设施发展局提出的报告指出，规划艾哈迈达巴德的BRT系统时，考虑大量低收入人口是很重要的。这些人中有55%没有能力使用私人机动车并且依赖于公共交通。此外，该报告还强调由于有很多行人和骑行者，行人和自行车友好型街道都非常重要。CEPT认为BRT系统可以设计用以提升城市的紧凑性，连接各类土地（环境规划中心与技术大学，2011；古吉拉特基础设施发展局，2012）。

Janmarg公交车在沿着道路中心的专用车道上运行，并且有单独的道路和宽阔的步道提供给自行车骑行者和行人。Janmarg有一个遍及全市且长达89公里的网络，连接中心城区与外围的工业区、住宅区，以及公共机构区域。该项目预计开发成本达到约1000亿卢比，并且受到国家政府的贾瓦哈拉尔·尼赫鲁城市更新计划（JnNURM）的支持。中央、州和当地政府分摊的份额比例为35:15:50。BRT线路的规划将基于土地利用、密度和交通事件最多的地区。

最开始，BRT平均每12.5公里左右的长度承载约24000名乘客（数据来自Chandranagar区域交通运输厅）。近期，该系统得到了扩展，载客量增加到工作日平均每天35000人，周末平均每天40000人。在特定的高峰期间，每隔4分钟就会有一班车（上午8:00～11:30，下午17:00～20:00），并且运作的时间为上午6:00～11:00。BRT公交车的平均速度为26～29公里/小时，交通利用率为207公里/天。公交车是低地板式的（高于地面0.9米），将很容易进入。车站照明良好并且配备了同步的自动化滑动门。每个BRT公交车上都有数码显示，它是由一个中央控制智能交通系统（ITS）连接到全球定位系统（GPS）来控制的。这些显示展板告诉等待的乘客下一班车即将到达的时间。预售票处和检票处设置在每个站两段的售票柜台处。Janmarg公交车站配备了被动式太阳能设计，以廉价的方式保持站台的自然凉爽。

7个月之后，34%的通勤者从驾驶私家车转换为乘坐BRT系统。BRT系统减少了3700吨的碳排放量。400多辆压缩天然气CNG公交车的使用被列于计划，官员们计划在此基础上购买碳信用额。围绕着BRT路线的土地利用有了改变的希望，虽然这些改变到目前为止表现出居民活动的减少以及服务业和轻工业的略微增加。许多空置的土地和贫民窟都已经被转换成了公共场所。

波哥大前市长恩里.克佩纳罗萨（Enrique Peñalosa）参观了这座城市并且在janmarg上游览。他赞赏了为此做出的努力，同时给政府提出了一些能够促进系统改进的建议。艾哈迈达巴德的BRT系统展示了一个基于公共交通帮助重塑城市的愿景。

9.9 电子吉普尼车：一个发展中城市的绿色解决方式

电子吉普尼车是一种由清洁能源驱动的完全电动运输系统。亚洲对于电子吉普尼车的最大面积运用是玛卡蒂（Makati）的绿色路线（MGR），它在黎牙实比（Legazpi）和萨尔塞多（Salcedo）线路上免费运作了10辆电子吉普尼车（气候与可持续城市研究所，2009）。

电子吉普尼车是气候与可持续城市研究所（ICSC）提出的气候友好型城市项目的一部分。这个项目主要包括三部分：生物沼气池利用可降解的生活废物来发电，存储端或者终端和一队电子吉普车利用这些电力。吉普尼车原本是美军的产品，但是二战后许多吉普尼车遗留了下来。数以百计的吉普尼车被出售给菲律宾。此后吉普尼车因为华丽的装饰和拥挤的座位而出名，成了菲律宾的一个文化象征。而后经过了60年，吉普依然在被使用，并造成了环境污染。其巨大的柴油动力电机是造成空气污染的主要原因之一，影响着菲律宾的城市健康。

因此人们倡议把这些吉普尼车改造成电子吉普尼车。雷德康斯坦丁诺（Red

Constantino）（气候和可持续发展城市研究所所长）和以马尼拉为主的非政府组织（NGO）认为老吉普尼效率低下且产生污染。于是一部分政界、商业团体和其他非政府组织合作起来，开始了一场用电子吉普尼更换吉普尼的运动。该试点项目在玛卡蒂。这个项目是提供未来范例时的关键，目的是以现行的解决方案向人们证明该项目是可行的。而其最终目标是用合适的电动车辆取代所有的公用车辆。

电子吉普尼是绿色可再生独立电力生产股份有限公司（GRIPP）与罗伯特·帕克特（Robert Puckett）（菲律宾太阳能电力公司的主席）合作的心血结晶，并且得到了绿色和平组织的支持。四辆电子吉普尼车已经由玛卡蒂市长杰约马尔·比奈（Jejomar Binay）于2007年推出。这些吉普尼车是由菲律宾当地的通用汽车公司制造的。

电子吉普尼车被设计为可以搭载17名乘客，一次8小时的充能可以使其以最快为35～60公里/小时的速度运行120公里。

电子吉普尼车的冲击迅速蔓延全国。普林塞萨港（Puerto Princesa）——巴拉望岛（Palawan Island）的首府准备引入电子吉普尼队伍，但是他们的主要目标是以电动的"电子三轮车"替换城市4000辆以汽油为动力的三轮车。这个势头在玛卡蒂也开始兴起。带着开设第三条绿色路线的意向，到2010年5月之前，Rockwell loop和马尼拉大都市区其他的城市政府开始下订单购买电子吉普尼车。

普林塞萨港和玛卡蒂的下一步是建设沼气工厂，使电子车辆可以从当地市场和家庭的有机废物中获得供电。2010年2月，普林塞萨港开始建设1兆瓦的沼气场，耗资达240万美元，借以推动电动公交车队的发展。

自从2008年7月推出后，电子吉普尼车已经被用于学校、度假胜地、主题公园、工业区、地方政府单位（LGUs）和其他地方。该项目可大大减少玛卡蒂的噪声和空气污染。

电子吉普尼车项目是一个巨大的成功的且绿色的交通模式，尤其是对于亚洲城市而言（图9.9）。这个项目由公私合作启动，他们抱着共同缔造更绿色的城市的目的聚集在一起。他们最终都认定需要替换那些老旧吉普车，而且都有一个清晰的议程和长远的愿景。

9.10 结语

交通的选择影响一个城市如何塑造和发展。公共交通、自行车和步行都是重要的可持续发展模式。此外，我们从本章可以看出，替代燃料是十分重要的，它使绿色城市化得以蓬勃发展。选择与每个特定城市的需求相匹配的交通运输方式很重

图9.9　玛卡蒂的电子吉普尼车
资料来源：气候与可持续发展城市研究所，2001。

要，如菲律宾的电子吉普尼方案、艾哈迈达巴德的BRT以及普纳的步行创新。

许多亚洲城市都运用了电力地铁线路。德里地铁每天承载1.2亿人，对于德里人而言可谓生命线，它使人们更容易到达那些曾经难以到达的区域，并带来商务的兴旺发展。上海通过实施每天承载800万人的地铁线路显著改善了城市的可持续性。交通运输需要管理政策的支持，例如牌照拍卖和公交优先政策都帮助提升了载客量。总的来说，这些项目是亚洲以及世界其他地区的典范。

交通系统最难改善的是步行和自行车骑行——尽管它们是最便宜的方式。这就是为什么作为成功示范项目，高雄市流行的自行车共享项目和印度普纳的"步行广场"概念如此重要。

亚洲有如此多的可持续交通示范项目可供选择，但是这些讨论过的案例却带来了新的绿色城市化创新感，而这种感觉在亚洲得到了成功的体现。亚洲城市交通最关键的要素是城市的密集和紧凑，这些项目将使那些在油价让高度依赖汽车和低密度的城市更加脆弱的"稀缺时代"变得更有弹性。它们与所有的城市一起需要继续在可持续交通发展上做出创新，但是亚洲城市在结构上的优越将能够更好地回应这一议程。

总结：亚洲的城市会接管
绿色城市主义的议程吗？

第10章

　　亚洲和太平洋地区也在承诺引领全球开展绿色投资，包括低碳能源的产生（可再生能源以及碳的捕获和贮存），提升能源和燃料的效能（建筑、公共交通以及电力网络），以及供水和废物管理（联合国和亚洲开发银行，2012，p.xiii）。

　　这本书从七个方面调查了亚洲的绿色城市主义：

1. 可再生能源城市

　　随着第一个完全装备了太阳能光电板的城市马斯达尔城之后，在中国、中国台湾省和日本的城市中太阳能光电板都有着急速的增长。风能成了诸如印度、中国、韩国和亚洲其他国家城市的可再生能源种类的一个选择，同时在菲律宾和中国的一些城市也将地热能为一种可再生能源。传统的生物质资源能也成了亚洲可再生城市的一个组成部分。现如今，中国、印度和亚洲的其他国家比世界上其他发展中国家在可再生能源上投资的更多。

2. 生物区碳中和城市

　　纵观亚洲，有成千上万的生物区案例体现出，城市正在意识到利用当地生物区资源不只是为了增加生物多样性和娱乐性，而应该把它和碳补偿项目联系起来。尽管在发展中国家，对碳中和型城市而言这只是一个小的比较，但也预测出这一举措将在亚洲飞速发展。

3. 分布式城市

　　亚洲的城市也被理想化布局，用来发展小型的基础设施，以解决能源、水以及废弃物问题。中国的生态城市天津因为利用智能电网管理当地电力与水资源这一举措而成了全球的领导者。新加坡的滨海湾（Marina Bay）是一个小型的但典型的案例，而许多地方诸如雅加达和达卡这些有着低成本分散系统的城市案例也正在崭露头角。所有这些中国的低碳城市都有分散式的基础设施。亚洲的城市正期待着这种建造城市的方法能有长远的发展。

4. 光合作用城市

　　如今，亚洲的高密度城市需要高密度的绿化方案，例如亲生物城市主义。这一系列创新带来了都市生物多样性、都市降热和其他绿色利益的增长，并且亚洲的许多城市正在被实施并印证着，尤其在新加坡新都市的发展中。随着邱德拔医院（Khoo Teck Puat Hospital）、158塞西尔大街（158 Cecil Street）、后港小学（Hougang Primary School）和碧山公园（Bishan Park）在全球舞台上迅速获得标志性的地位，滨海湾的公园也成了重要的典范。

5. 生态高效型城市

亚洲的城市在这方面做得非常好，可能是由于它们密集且发展迅速的工业化。案例研究展示了在诸如新加坡、日本、和韩国的整个城市或是这些城市的一部分中，是怎样在城市代谢中进行"关闭循环"演示的。在亚洲的都市贫民区和一些标志性的项目，例如印尼的从废物中发觉美的"时尚垃圾"产品中，展示了他们对可回收建筑材料的有效利用。作为世界最好的实践，中国的工业生态学和生态效率目前正在被实践所印证。

6. 场所感城市

亚洲的文化源远流长，并有着地域差异，然而在近几十年来，为减弱都市住房增长的压力，大批量建造了许多糟糕的现代高层建筑。这当然不仅存在于亚洲。因此许多地方都在通过遗产项目、公共艺术、自然特色和当地建筑风格实行区域"改造"，尤其是通过水敏性都市设计，例如首尔标志性的河流修复。

7. 可持续交通城市

亚洲密集型城市由于步行、骑车、和公共交通的短距离可达性，在交通运输方面已经比其他城市更加可持续化。然而，这本书仍然展示了亚洲城市在地铁线路、快速公交、渡船、电动吉普车，"步行广场"等上的创新与改革。

虽然有着许多创新，但人们仍然在疑惑着以下问题：这些亚洲的绿色城市主义革新会变得很主流，以至于可以向世界展示如何在"萧条时代"建设一个新的绿色主义经济吗？

根据以下原因，答案很可能是会。

1. 亚洲的人口增长压力无疑决定着全球城市人口统计数据。最初驱动革新浪潮的地方都集中于那些因人口压力而亟须创造新的高效的城市住房、基础设施建造方式以及新的商业途径。正如联合国和亚洲发展银行（Asian Development Bank）所述，"2010~2020年间，在亚洲和太平洋地区所需的8万亿美元基础设施投资中，将有三分之二的数目用来根据可持续原则、可达性、生态效率和社会包容性建设新的基础设施，从而为设计、金融和基础设施管理提供大量的机会"（联合国和亚洲发展银行，2012，p.54）。

2. 亚洲城市的飞快发展预示着绿色城市主义可以快速实现。这样的例子包括在10年间建成世界最大地铁网络的上海，还有在几年里飞速提高生态质量并跃居世界舞台前列的新加坡。这样的改变不仅是因为人口的驱动，也是因为想领导世界的渴望。中国工业生态示范就是这个思想快速实现的另一个案例，这种思想在其他地方也被认为是值得的，但一般没有被实践。

3. 在石油短缺的时代里，没有什么比可持续交通可以更有力地让城市在新经济中崛起。亚洲的城市结构使这种快速转变成为可能。它们不为汽车所生，所以当快速运输如地铁、快速公交建成，或者人行道和自行车设施具备后，城市可以大量地减少其石油依赖性。这种迹象正在各个地方发生着。

4. 从文化角度上，亚洲城市高度以社区为导向。可持续思想转变到亚洲世界观深处很可能导致绿色城市主义的强烈政治驱动。有一个证据是，2011年，涵盖28000名顾客、横跨56个国家的尼尔森全球企业公民调查揭示：亚洲-太平洋地区成为愿意买试图"回馈社会"品牌的顾客人数最多的地区（Nielsen，2012）。另外，排在支持度第一名的是环境可持续性。

亚洲绿色城市主义是否会引领世界由很多因素决定，比如城市政治家的领导力、调动媒体强调作用的无政府组织活动、高校的广泛介入、企业家尝试绿色城市主义的冒险和日复一日做出选择的普通业主们。

我们有信心相信亚洲的绿色城市主义正在作为全球领导力而快速兴起。

参考文献

Adivasi Academy (2006) *Adivasi Academy*, http://www.adivasiacademy.org.in

Aga Khan Award for Architecture (2010) Tulou Collective Housing, *Aga Khan Award for Architecture*, http://www.akdn.org/architecture/project.asp?id=3860.

Alusi, A, RG Eccles, AC Edmondson and T Zuzu (2011) Sustainable Cities: Oxymoron or the Shape of the Future? *Working Paper, Harvard Business School*, http://www.hbs.edu/research/pdf/11-062.pdf

Amir, HH (2000) Community Participation in the Development of Permaculture in Sukabumi, Indonesia, Index of Case Studies, *Sustainability and Technology Policy, Murdoch University*, http://www.istp.murdoch.edu.au/ISTP/casestudies/Case_Studies_Asia/sukabumi/sukabumi.html

ArchNet (n.d.) *ArchNet: Islamic Architecture Community*, Aga Khan Trust for Culture, http://archnet.org

ARCPROSPECT International Foundation (2011) Tierra Design. Changi Airport Terminal 3: The Green Wall, *Arcprospect*, http://www.arcprospect.org/index.php?option=com_content&view=article&id=2210%3Atierra-design-changi-airport-terminal-3&catid=87%3Alandscaping&Itemid=14&lang=en.

Arup (2009) Beijing Changxindian Low Carbon Community Concept Plan — Pioneering the Development of Low Carbon Zoning Codes in China, *2009 Isocarp Award for Excellence Project Brief, Arup*.

Arup (2011) Wanzhuang Eco-city, *Arup*, http://www.arup.com/Projects/Wanzhuang_Eco-city.aspx

Asia 3R Conference (2006) Integrated Solid Waste Management in Singapore, *National Environment Agency and Ministry of the Environment and Water Resources, Singapore*.

Asia Biomass Office (2008) Thailand — The Biggest Biomass Fuel Producer of Southeast Asia, *Asia Biomass Office, Asia Biomass Energy Cooperation Promotion Office*, http://www.asiabiomass.jp/english/topics/1006_03.html

Asian Development Bank (2010) Urban Development Policy of India (Part 1) Mobility of People by Bus Rapid Transit, *Urban Innovations and Best Practices*, ADB, http://www.adb.org

Asian Development Bank (2012) *Key Indicators for Asia and the Pacific 2012, Special Chapter: Green Urbanization*, http://www.adb.org/sites/default/files/pub/2012/ki2012-special-chapter.pdf

Asian Development Bank (n.d.) *Bus Station Locations* [presentation], http://www.adb.org/Documents/Urban-Development/bus-station-location.pps

Auroville (2010) *Auroville*, http://www.auroville.org

Averositi Holding (2009) *Zira Island*, http://www.ziraisland.com/

Banerjee, R (2009, 13 September) Thyagaraj Stadium to Generate Own Power, *The Times of India*, http://timesofindia.indiatimes.com/city/delhi/Thyagaraj-Stadium-to-generate-own-power/articleshow/5003989.cms

Banga, N (2010, 4 April) Thyagaraj Stadium: India's First Eco-friendly Sports Complex, *Merinews*, http://www.merinews.com/article/thyagaraj-stadium-indias-first-eco-friendly-sports-complex/15802998.shtml

Bareja, B (2010) Intensify Urban Farming in the City by Growing Crops, *Crops Review*, http://www.cropsreview.com/urban-farming.html

BCA GreenMark (n.d.) Singapore's First Zero Energy Building at the BCA Academy, *BCA GreenMark*, http://www.greenmark.sg/about_proj_zero.html

Beatley, T (2000) *Green Urbanism: Learning from European Cities*, Washington DC: Island Press.

Beatley, T (2004) *Native to Nowhere. Sustaining Home and Community in a Global Age*, Washington DC: Island Press.

Beatley, T (2005) *Native to Nowhere. Sustaining Home and Community in a Global Age*, Washington DC: Island Press.

Beatley, T (2011) *Biophilic Cities: Integrating Nature into Urban Design and Planning*, Washington DC: Island Press.

Beatley, T and K Manning (1997) *The Ecology of Place*, Washington, DC: Island Press.

Beatley, T and P Newman (2009) *Green Urbanism Down Under: Learning from Sustainable Communities in Australia*, Washington DC: Island Press.

Beattie, C, J Bunning, J Stewart, P Newman and M Anda (2012) Measuring Carbon for Urban Development Planning, *The International Journal of Climate Change, Impacts and Responses* 3(4): 35–52.

Benedict, M and E McMahon (2006) *Green Infrastructure: Linking Landscapes and Communities*, Washington, DC: Island Press.

Benninger, C (2010, 5 September) The Beauty of Walking, *Pune Mirror*, http://www.punemirror.in/index.aspx?Page=article&sectname=Columnists%20-%20 Christopher%20Benninger&sectid=124&contentid=20100905201009050 14223981375cfe8b

Biggs, A (2010, 28 June) Seoul Gets Image of Soft City with Cheonggyecheon, *The Korea Times*, http://www.koreatimes.co.kr/www/news/biz/2010/07/291_68399.html

Bloomberg New Energy Finance (2012) *Bloomberg New Energy Finance*, http://go.bloomberg.com/

Bureau of Energy (n.d.) Sustainable Development of Renewable Energy, *Bureau of Energy, Ministry of Economic Affairs*, http://www.moeaboe.gov.tw/

Burwell, D (2005) Way to Go! Three Simple Rules to Make Transportation a Positive Force in the Public Realm, Making Places, http://www.pps.org

C40 Cities (2011) *C40 Cities*, http://live.c40cities.org/

Campbell, M C and D A Salus (2003) Community and Conservation Land Trusts As Unlikely Partners? The Case of Troy Gardens, Madison, Wisconsin, *Land Use Policy* 20: 169–180.

Centre for Environment Planning and Technology University (2011) Corridor Identification — Bus Rapid Transit System — Gujarat Infrastructure Development Board, *Ahmedabad: Centre for Environment Planning and Technology University*, http://www.gidb.org/

Centre National de la Recherche Scientifique and United Nations Convention on Biological Diversity (2010) Rebirth of a River in Seoul (Republic of Korea), Greening the City, http://www.cnrs.fr/cw/dossiers/dosbioville E/biocity.html#

Cervero, R (2008) *Effects of TOD on Housing, Parking and Travel, Transit Cooperative Research Program Report* 128, Washington, DC: Federal Transit Administration.

Chadha, M (2010, 12 May) Indian State to Obligate Utilities to Buy Electricity from Renewable Energy Power Plants, *Eco Politology*, http://ecopolitology. org/2010/05/12/indian-state-to-obligate-utilities-to-buy-electricity-from-rene wable-energy-power-plants/

Chiang, K and A Tan (Eds) (2009) *Vertical Greenery for the Tropics*, Singapore: National Parks Board, Singapore Botanical Gardens and Building and Construction Authority.

China Wind Power Center (2012) Installed Wind Power Capacity, *China Wind Power Center*, http://www.cwpc.cn/cwpc/en/node/6425

City of Fremantle (2012) *City of Fremantle*, http://www.fremantle.wa.gov.au

City of Hannover (1998) Hannover Kronsberg: Model for a Sustainable New Urban Development, City of Hannover.

City of Malmö (2005) Sustainable City of Tomorrow: Experiences of a Swedish Housing Exposition, *Stockholm: Swedish Research Council for Environment, Agricultural Sciences and Spatial Planning.*

City of Sydney (2012) Development in 2030: Energy Master Plan, *City of Sydney*, http://www.sydney2030.com.au/development-in-2030/city-wide-projects/powering-sydney-allan-jones

Clean Energy Awards (2007) Winner of the Policy and Lawmaking Category 2007, *Clean Energy Awards*, http://www.cleanenergyawards.com/top-navigation/nominees-projects/nominee-detail/project/64/?cHash=0dc2996 ce1/

Clough, L (Topic Ed) (2008) Energy Profile of Philippines. In CJ Cleveland (Ed) *Encyclopaedia of Earth*, http://www.eoearth.org/article/Energy_profile_ of_Philippines

Cochrane, J (2010, 23 June) Green Jakarta — Green Water, or Any Color as Long as It Is Clean, *Jakarta Globe.*

Common Room Network Foundation (2011) *Common Room Network*, http:// commonroom.info/about/

Council on Tall Buildings and Urban Habitat (2008) Tall and Green: Typology for a Sustainable Urban Future, *CTBUH 8th World Congress*, Dubai, 3–5 March, 2008, http://www.ctbuh.org/Publications/TechnicalGuides/CTBUH8thConference TallGreen/tabid/645/language/en-GB/Default.aspx

Daddio, D (2009, 7 November) Towards a More Sustainable Jakarta, *The City Fix*, http://thecityfix.com/towards-a-more-sustainable-jakarta/

Delhi Metro Corporation (2010) *Delhi Metro Rail Corporation*, http://www.delhimetrorail.com/

Delhi Transport Department (2011) Delhi Transport Department, *Government of NCT of Delhi*, http://transport.delhigovt.nic.in/

Department of Environment and Natural Resources (2011) Pasig River Rehabilitation Program (Project Component — River Rehabilitation Secretariat) Phase II, *Department of Environment and Natural Resources, Republic of the Philippines*, http://faspo.denr.gov.ph/Prog_Proj/COMPLETED/Pasig%20River%20Rehabilitation%20Program%20II.pdf

Design Scene (2009) Masdar City Centre by LAVA, *Design Scene*, http://www.designscene.net/2009/09/masdar-city-centre-by-lava.html

Detik News (2012) *Detik News*, http://www.detiknews.com

Diani, H (2009, 25/26 July) Water Worries. The Sewage: Poor Sanitation Means Illness and High Costs, *Jakarta Globe*, 25/26 July, pp. 10–11.

Djumena, E (2010a, 20 June) Sampah Plastik Jadi Tas Sayang Lingkungan, *Kompas*, http://bisniskeuangan.kompas.com/read/2010/06/20/09314220/Sampah.Plastik.Jadi.Tas.Sayang.Lingkungan

Djumena, E (2010b, 3 October) Vas Bunga Dari Sampah Plastik, *Kompas*, http://bisniskeuangan.kompas.com/read/2010/10/03/07521629/Vas.Bunga.dari.Sampah.Plastik

Droege, P (2006) *The Renewable City*, Chichester: Wiley.

Druk White Lotus School (2012) *Druk White Lotus School*, http://www.dwls.org/

Duquennois, A and P Newman (2009) Linking the Green and Brown Agendas: A Case Study on Cairo, Egypt, Case Study for UN Global Review of Human Settlements, http://www.worldurbancampaign.org/downloads/docs/GRHS2009CaseStudyChapter06Cairo.pdf/

Entrepreneurship (2010) Tas Cantik dari Sampah Plastik, *Entrepreneurship*, http://www.ciputraentrepreneurship.com/film/1029.html

Ewing, RH, K Bartholomew, S Winkelman, J Walters and D Chen (2007) *Growing Cooler: The Evidence on Urban Development and Climate Change*, Washington, DC: Urban Land Institute.

Farrelly, E (2005, 26 April) Attack of Common Sense Hits Planners, *Sydney Morning Herald*.

Fisher, JP (2012) Tagesansicht von Pudong vom Bund aus. http://commons.wikimedia.org/wiki/File:2012_Pudong.jpg

Fractal Enlightenment (2008, 1 October) Religious Places Go Green, *Fractal Enlightenment*, http://fractalenlightenment.com/793/sustainability/religious-places-go-green

Frumkin, H (2008) Nature Contact and Human Health: Building the Evidence Base. In S Kellert, J Heerwagen and M Mador (Eds), *Biophilic Design* (pp. 107–118), Hoboken: John Wiley and Sons.

Fujita, T (2006) *Eco-town Projects, Environmental Industries in Progress: Environment-conscious Type of Town Building*, Japan: The Ministry of Economy, Trade and Industry.

Future Policy (2007) China's Solar Capital — Success through Government Leadership, *Future Policy*, http://www.futurepolicy.org/2884.html

Galarpe, K (2010, 6 January) 'River Warriors' Fight to Keep Pasig Clean, *ABS–CBN News*, http://www.abs-cbnnews.com/lifestyle/06/01/10/river-warriors-Figureht-keep-pasig-clean

Gardens by the Bay (2011) *Gardens by the Bay*, http://www.gardensbythebay.org.sg/

Garis Hijau (2008) *Garis Hijau*, http://www.garishijau.itrademarket.com

Gehl, J and L Gemzøe (2000) *New City Spaces*, Copenhagen: Danish Architectural Press.

Gehl, J, L Gemzøe, S Kirknæs and BS Søndergaard (2006) *New City Life*, Copenhagen: Danish Architectural Press.

Geng, Y and B Doberstein (2008) Developing the Circular Economy in China: Challenges and Opportunities for Achieving 'Leapfrog Development', *International Journal of Sustainable Development and World Ecology* 15: 231–239.

Geng, Y and H Zhao (2009) Industrial Park Management in the Chinese Environment, *Journal of Cleaner Production* 17: 1289–1294.

Geng, Y, P Zhang, S Ulgiati and J Sarkis (2010) Energy analysis of an Industrial Park: The Case of Dalian, China, *Science of the Total Environment* 408: 5273–5283.

Girardet, H (2000) *The Gaia Atlas of Cities*, London: Gaia Books.

Gizmotrix (2009, 22 May) Taiwan's New Solar Powered Stadium, *Gizmotrix*, http://www.gizmotrix.com/article/150/Taiwans-New-Solar-Powered-Stadium/

Global Environment Centre Foundation (2005) *Eco-towns in Japan: Implication and Lessons for Developing Countries and Cities*, Global Environment Centre Foundation.

GMA News (2010, 15 February) Palawan Biodigester to Produce Clean Energy for Electric Jeeps, *GMA News*, http://www.gmanews.tv/story/183956/palawan-biodigester-to-produce-clean-energy-for-electric-jeeps

Gordon, R (2005, 8 Sept) Boulevard of Dreams, *SFGate*, http://www.sfgate.com

Government of India, Ministry of New and Renewable Energy (2002–2003) *Annual Report 2002–2003*, Chapter 4, http://www.mnre.gov.in/annualreport/2002_2003_English/ch4_pg4.htm

Grameen Bank (1984) *Grameen Bank Housing Programme*, https://archnet.org/library/sites/one-site.jsp?site_id=950

Grameen Bank (2011) *Grameen Bank*, http://www.grameen-info.org/

Green Indonesia (2011) *Green Indonesia*, http://greenindonesia.blogspot.com/

Green School (2012) *Green School*, http://www.greenschool.org/

Gujarat Infrastructure Development Board (2012) *Gujarat Infrastructure Development Board*, http://www.gidb.org/

Haider, MZ (2007) Competitiveness of the Bangladesh Ready-made Garment Industry in Major International Markets, *Asia-Pacific Trade and Investment Review* 3(1): 3–27, http://www.unescap.org/tid/publication/aptir2456_haider.pdf

Halweil, B and D Nierenberg (2007) Farming the Cities. In L Starke (Ed) *State of the World, 2007*, World Watch Institute, Washington, DC.

Han, S (2012, 2 May) South Korean Parliament Approves Carbon Trading System, *Bloomberg*, http://www.bloomberg.com/news/2012-05-02/south-korean-parliament-approves-carbon-trading-system.html

Harden, B (2008, 4 October) Filipinos Draw Power From Buried Heat, *The Washington Post*, Washington Post Foreign Service, http://www.washingtonpost.com/wp-dyn/content/article/2008/10/03/AR2008100303843.html

Hardoy, J, D Mitlin and D Satterthwaite (2001) *Environmental Problems in an Urbanising World*, London: Earthscan.

Hargrove, C and M Smith (2006) *The Natural Advantage of Nations*, London: Earthscan.

Hargroves, K and Smith, M (Eds) (2005) The Natural Advantage of Nations: Business Opportunities, Innovation and Governance in the 21st Century, *Earthscan*, London, Chapter 1, http://www.naturaledgeproject.net/NAON Chapter1.4.aspx

Hawkens, P, A Lovins and H Lovins (1999) *Natural Capitalism: The Next Industrial Revolution*, London: Earthscan.

Her, K (2008, 1 January) An Industrial City Goes Green, *Taiwan Review*, http://taiwanreview.nat.gov.tw/ct.asp?xItem=25050&CtNode=1672

Heringer, A (n.d.) METI — Handmade School in Rudrapur, *Anna Heringer*, http://www.anna-heringer.com/index.php?id=31

Heringer, A and E Roswag (2010, 4 March) Handmade School/Bangladesh, *RADDblog*, http://raddblog.wordpress.com/2010/03/04/handmade-school-bangladesh-by-anna-heringer-eike-roswag/

Higgins, A (2010, 17 May) With Solar Valley project, China Embarks on Bold Green Technology Mission, *The Washington Post*, http://www.washingtonpost.com/wp-dyn/content/article/2010/05/16/AR2010051603482.html?wprss=rss_world&sid=ST201005170109

Himin Solar (2012) *Himin Solar*, http://www.himinsun.com/

Ho, G (Ed) (2002) *International Sourcebook on Environmentally Sound Technologies for Wastewater and Stormwater Management*, United Nations Environment Programme (UNEP) International Environmental Technology Centre (IETC), London: International Water Association Publishing.

Huang, M (2009) China Solar Valley — Renewable Energy Policy in China, Paper presented at *Local Renewables Conference*, Freiburg, Germany 27–29 April 2009, http://www.local-renewables-conference.org/freiburg2009/home/

Hudson, G (2008a, 14 August) South Korean Islanders Ask 'Who Owns the Wind?' *Eco Localizer*, http://ecolocalizer.com/2008/08/14/south-korean-islanders-ask-who-owns-the-wind/

Hudson, G (2008b, 9 May) South Korean Solar System Community on Jeju Island a Brilliant Idea, *Eco Localizer*, http://ecolocalizer.com/2008/05/09/south-korean-solar-system-community-on-jeju-island-a-brilliant-idea/

Index Mundi (2011) Indonesia Population, *Index Mundi*, http://www.indexmundi.com/indonesia/population.html

Indian Power Sector (2011) Wind Power, *Indian Power Sector*, http://indian powersector.com/renewable-energy/wind-power/

Industrial Technology Research Institute (2011) *Industrial Technology Research Institute*, http://www.itri.org.tw/eng/

Institute for Climate and Sustainable Cities (2011) *E-Jeepney*, http://www.ejeepney.org/

Institute for Climate and Sustainable Cities (ICSC) (2009, 10 November) Electric Jeepney Institute Launches Fare-Free, Emission-Free Makati Green Route, *ICSC*, http://www.ejeepney.org/content/electric-jeepney-institute-launches-fare-free-emission-free-makati-green-route

Institute for Transportation and Development Policy (2010) *Institute for Transportation and Development Policy*, http://www.itdp.org/

International Solar Cities Initiative (2010) Solar Congress Venue, *International Solar Cities Initiative*, Office of the Organization Committee of the 4th International Solar Cities Initiative World Congress 2010, http://www.chinasolarcity.cn/Html/Solar/105609601.html

Jacobs, J (1984) *Cities and the Wealth of Nations*, Harmondsworth, UK: Penguin.

Jain, AK (2008) *The Delhi Metro*, Delhi: Delhi Development Authority.

Jain, S (2004, 26 May) Smog City to Clean City: How Did Delhi Do It? *Mumbai Newsline*.

Jia Han (2009) *Jia Han*, http://bernhan.files.wordpress.com/2009/01/pulau-semakau-landfill.jpg

Justa, A (2009, 10 December) Spectacular Solar Trees: Delight to Your Eyes and the Environment, *Green Diary*, http://www.greendiary.com/entry/spectacular-solar-trees-delight-to-your-eyes-and-the-environment/

Kamal, N and KM Zunaid (n.d.) *Education and Women's Empowerment in Bangladesh*, http://centers.iub.edu.bd/chpdnew/chpd/download/publications/WP-Education%20&%20Women%20Empowerment-Working%20Paper-N%20Kamal.pdf

Kaohsiung City Government (2011, 17 January) *Kaohsiung's Transformation into Taiwan's Leading Bicycle Friendly City*, http://www.kcg.gov.tw/EN/NewsArt_Detail.aspx?n=D025BFDE98126962&ss=2FBB442B7B69CD95&parent=DD2A3343D78E64EB

Karlenzig, W and D Zhu (2010) China's Provincial and City Low-carbon Pilot Programs: A New Opportunity for Global Emissions Reductions in Low Carbon Accounting, Management and Credit System, *4th China World Forum for the Shanghai Academy of Social Sciences*, Green Economy, Shanghai, 7 November, 2010, http://www.commoncurrent.com/pubs/Shanghai.WK.11.7.10.pdf

Kellert, SR, J Heerwagen and M Mador (Eds) (2011) *Biophilic Design: The Theory, Science and Practice of Bringing Buildings to Life*, Hoboken, New Jersey: John Wiley & Sons.

Kelley, M (2008, 9 December) The Cheonggyecheon Stream, *DiscoveringKorea*, http://discoveringkorea.com/2008/12/09/cheonggyecheon/

Kelola Sampah (2010, 9 July) Inovasi Tas Daur Ulang Menembus Ekspor, *Kelola Sampah*, http://kelolasampah.blogspot.com/2010/07/inovasi-tas-daur-ulang-menembus-ekspor.html

Kenworthy, J (2008) An International Review of the Significance of Rail in Developing More Sustainable Urban Transport Systems in Higher Income Cities, *World Transport Policy and Practice* 14(2): 21–37.

Kenworthy, J and F Laube (2001) *The Millennium Cities Database for Sustainable Transport*, Brussels: Union Internationale des Transports Publics.

Kenworthy, J, F Laube, P Newman, P Barter, T Raad, C Poboon and B Guia (1999) *An International Sourcebook of Automobile Dependence in Cities, 1960–1990*, Boulder, Colorado: University Press of Colorado.

Koh-Lim, WJ (n.d.) 'Marina Bay towards a High Density Sustainable Waterfront City', URA presentation.

Kompas (2010a) Hidup Sejahtera bersama Sampah, *Kompas*, http://bisnisk euangan.kompas.com/read/2010/11/07/07465493/Hidup.Sejahtera.bersama. Sampah

Kompas (2010b) Trashion, Limbah Plastik Bernilai Ekonomi Tinggi, *Kompas*, http://otomotif.kompas.com/read/2010/02/25/12091349/Trashion.Limbah. Plastik.Bernilai.Ekonomi.Tinggi

Kon Pedersen Fox Associates (2003) *New Songdo City: Green City*, KPF Sustainable Design, New York: http://www.songdo.com/Uploads/FileManager/ Songdo/Sustainability%20PDF/KPF%20Sustainable%20Designs.pdf

Korten, D (1999) *The Post Corporate World*, West Hartford: Kumarian Press.

Kostoff, S (1991) *The City Shaped*, London: Thames and Hudson.

Kriscenski, A (2008, 14 January) Solar Ark: World's Most Stunning Solar Building, *Inhabitat*, http://inhabitat.com/solar-ark-worlds-most-stunning-solar-building/

LAVA (n.d.) *Laboratory for Visionary Architecture*, http://www.l-a-v-a.net/projects/ masdar-city-centre/

La Mesa Ecopark (2012) *La Mesa Ecopark*, http://www.lamesaecopark.com/

Landscape Forum Nature and Living (2011) A Challenging Green Initiative in the CBD, *Landscape Forum Nature and Living* 6: 13–21.

League of Provinces of the Philippines (n.d.) http://www.lpp.gov.ph

Lee, HL (2010a, 14 May) CLP India Opens 99 MW Theni Wind Farm in Tamil Nadu State, *Recharge*, http://www.rechargenews.com/energy/wind/article214801. ece?print=true

Lee, HL (2010b, 28 June) Geothermal Firm EDC Pursues $150 m Loan, Eyes Wind Project, Geothermal, *Recharge*, http://www.rechargenews.com/energy/ geothermal/article218939.ece

Lee, I (2006) Cheonggyecheon Restoration Project: A Revolution in Seoul, ICLEI, Seoul Metropolitan Government, http://worldcongress2006.iclei.org

Lerch, D (2007) *Post Carbon Cities: Planning for Energy and Climate Uncertainty*, Portland, OR: Post Carbon.

Levesque, T (2007, 5 June) Rizhao: China's Solar-Powered Sunshine City, *Inhabitat*, http://inhabitat.com/rizhao-the-sunshine-city/

Lippo Village (2012) *Lippo Village*, http://www.lippovillage.com

Living into the Wild (2012) BR Hills: The Land of Tribal, *Living into the Wild*, http://www.livingintothewild.com/wild-diaries/br-hills-the-land-of-tribal.html

Local Governments for Sustainability (ICLEA) (2004) *SEA–CCP Case Outline No. 5*, Puerto Princesa: Local Governments for Sustainability.

Mah, BT (2006, 5 October) Speech at the Opening Address by Mr Mah Bow Tan Minister for National Development, at the Unveiling of the Marina Bay

Financial Centre, Roof Terrace, Esplanade — Theatres on the Bay, http://www.ura.gov.sg/pr/text/pr06-74a.html

Martinot, E and J Li (2010) Renewable Energy Policy Update for China, *Renewable Energy World*, http://www.renewableenergyworld.com/rea/news/article/2010/07/renewable-energy-policy-update-for-china

Matan, A and P Newman (2012) Jan Gehl and New Visions for Walkable Australian Cities, *World Transport Policy and Practice* 17(4): 30–37.

Matan, A, R Trubka, P Newman and S Vardoulakis (2012) Review of Public Health and Productivity Benefits from Different Urban Transport and Related Land Use Options in Australia, Paper presented at *The 5th Healthy Cities: Working Together to Achieve Liveable Cities Conference*, Geelong, 6–8 June 2012 [Peer reviewed] http://healthycities.com.au/BOP/PR.pdf

McDonaugh, W and D Braungart (2002) *Cradle to Cradle: Remaking the Way We Make Things*, New York: North Point Press.

METI School (2011) *Meti School in Bangladesh*, http://www.meti-school.de/daten/projektbeschreibung_e.htm

Microfinance Information Exchange (2012) *Microfinance Information Exchange*, http://www.themix.org

Ministry of the Environment and Water Resources (2002) *The Singapore Green Plan 2012 (SGP2012)*, Singapore: Singapore Government.

Ministry of the Environment and Water Resources (2007) *Key Environmental Statistics, 2007*, Singapore: Ministry of the Environment and Water Resources.

Ministry of the Environment and Water Resources (2011) *Active, Beautiful, Clean Waters (ABC Waters) Programme Factsheet*, Ministry of the Environment and Water Resources, Singapore: Government of Singapore, http://app.mewr.gov.sg/data/ImgCont/1386/9.%20Factsheet-%20ABC%20Waters%20[web].pdf

Ministry of National Development (2012, 9 January) Newsroom, *Ministry of National Development*, http://app.mnd.gov.sg/Newsroom/NewsPage.aspx?ID=3259&category=Parliamentary%20Q%20&%20A&year=2012&RA1=&RA2=&RA3=

Moore, M (2008, 19 April) China: The New Rulers of the World, *The Telegraph*, http://www.telegraph.co.uk/culture/books/non_fictionreviews/3672728/China-the-new-rulers-of-the-world.html

Mouritz, M (1987) *Sustainable Urban Water Systems* (PhD thesis), ISTP, Murdoch University, Murdoch.

Multiply (2009, 26 February) Luis Liwang, About Kapit Bisig sa Ilog Pasig, *Multiply*, http://ilogmoipatrolmo.multiply.com/journal/item/21

Murphy, C (1999) *Cultivating Havana: Urban Agriculture and Food Security in the Years of Crisis*, Institute for Food and Development Policy, Report No 12. Oakland, CA: Food First Publication.

Murray, S (2010, 7 September) New Tulou: Update of Chinese Dwelling Proves Popular, *Financial Times*, http://www.ft.com/cms/s/0/05dfdf18-b064-11df-8c04-00144feabdc0.html#axzz1EUGI2ouk

Muthu, S and R Raman (2006) Concentrated Paraboloid Solar Cookers for Quantity Cookery, Paper presented at *Solar Cookers International Conference*, 12–16 July 2006, Grenada, http://solarcooking.org/Granada06/43_satyavathi_muthu.pdf

Narain, U and A Krupnick (2007) The Impact of Delhi's CNG Program on Air Quality, *Resources for the Future Discussion Paper*. RFF DP 07-06.

National Environment Agency (2010a) *Singapore's Second National Communication under the United Nations Framework Convention on Climate Change*, Singapore: National Environment Agency of Singapore, http://app.nccs.gov.sg/data/resources/docs/SINGAPORE'S%20SECOND%20NATIONAL%20COMMUNICATIONS%20NOV%202010.pdf

National Environment Agency (2010b) *Solid Waste Management in Singapore*, 2nd Regional 3R Forum in Asia, Singapore: Singapore Government.

National Environment Agency (2012) *National Environment Agency*, Singapore: Singapore Government, http://www.nea.gov.sg/

National Parks (2009) Bedok Reservoir Park, *National Parks*, Singapore: National Parks Board, http://www.nparks.gov.sg/cms/index.php?option=com_visitors guide&task=parks&id=6&Itemid=73.

National Parks Board (2012a) *Park Connector Network*, NParks, Singapore: Singapore Government, http://www.nparks.gov.sg/cms/index.php?option=com_visitorsguide&task=parkconnectors&Itemid=74

National Parks Board (2012b) *Skyrise Greenery Award*, NParks, Singapore: Singapore Government, http://www.skyrisegreenery.com/index.php

National University of Singapore (2009–2010) *Report Paper on Singapore — A Potential Carbon-Neutral City, What Will Be the Next Design and Development Phase for Singapore in the Age of Sustainability?* Singapore: Master of Arts (Urban Design), National University of Singapore.

Newman, P (2006) The Environmental Impact of Cities, *Environment and Urbanization* 18(2): 275–295.

Newman, P (2009) Planning and Sustainable Urban Development: Linking the Green and Brown Agendas, Chapter 6 in UN Habitat (2009) *Planning Sustainable Cities*, Global Report on Human Settlements, United Nations Habitat, Nairobi.

Newman, P (2011) Green Urbanism and its Application to Singapore, *Asia Research Institute Working Paper* Series 151, March 2011, National University of Singapore.

Newman, P (2012, 14 May) King Coal Dethroned, *The Conversation*, http://the conversation.edu.au/king-coal-dethroned-6977

Newman, P and A Matan (2012) Human Health and Human Mobility, *Current Opinion in Environmental Sustainability* 4(4): 420–426, http://dx.doi.org/10.1016/j.cosust.2012.08.005

Newman, P and I Jennings (2008) *Cities as Sustainable Ecosystems: Principle and Practices*, Washington DC: Island Press.

Newman, P and J Kenworthy (1999) *Sustainability and Cities: Overcoming Automobile Dependence*, Washington, DC: Island Press.

Newman, P and J Kenworthy (2007) Greening Urban Transport, *State of the World, 2007*, Washington, DC: World Watch Institute, pp. 68–85.

Newman, P and J Kenworthy (2011) 'Peak Car Use': Understanding the Demise of Automobile Dependence, *World Transport Policy and Practice* 17(2): 31–42.

Newman, P, T Beatley and H Boyer (2009) *Resilient Cities: Responding to Peak Oil and Climate Change*, Washington, DC: Island Press.

Newman, P, T Beatley and L Blagg (2012) *Singapore: Biophilic City* [Film], Curtin University Sustainability Policy (CUSP) Institute and Sustainable Built Environment National Research Centre (SBE), http://www.youtube.com/watch?v=XMWOu9xIM_k

Nielsen (2012) *The Global, Socially-Conscious Consumer*, March 2012, The Nielsen Company, http://www.nielsen.com

Ninbo University (2008) *Ninbo University*, http://oldweb.cqvip.com/qk/85154X/201006/34212203.html [non-English language website].

Nolan, RB and LL Lem (2001) *A Review of the Evidence for Induced Travel and Changes in Transportation and Environmental Policy in the United States and the United Kingdom*, London: Centre for Transport Studies, Imperial College.

Norton, M (2007) *Japan's Eco-towns — Industrial Clusters or Local Innovation Systems?* Proceedings of the 51st Annual Meeting of the ISSS Tokyo Institute of Technology, Tokyo, Japan, August 5–10 2007.

Organization for Economic Co-operation and Development (OECD) (2011a) *Better Policies for Better Lives*, OECD Secretary-General Angel Gurría, OECD Week, Paris: OECD.

Organization for Economic Co-operation and Development (OECD) (2011b) *Towards Green Growth*, Paris: OECD.

Organization for Economic Co-operation and Development (OECD) (2012) *Compact City Policies: A Comparative Assessment*, OECD Green Growth Studies, OECD Publishing.

Oh, I, W Wehrmeyer W and Y Mulugetta (2010) Decomposition Analysis and Mitigation Strategies of CO_2 Emissions from Energy Consumption in South Korea, *Energy Policy* 38(1): 364–377.

Oppenheimer, M (2010, 20 March) Masdar — Future Renewable Energy City, *iCentrus*, Renewable energy, http://www.icentrus.com/masdar-future-renewable-energy-city/

Osanai, T (2009) The Green School, *Outdoor Japan*, from http://outdoorjapan.com/magazine/story_details/69

Pandey, M (2012) Choked: Delhi's Pollution Level is Five Times Worse than Just Eight Years Ago as Experts Warn Air Quality is as Noxious as Jharia Coal Town, *Daily Mail*, http://www.dailymail.co.uk/indiahome/indianews/article-2170277/Choked-Delhis-pollution-level-fives-times-worse-just-years-ago-experts-warn-air-quality-noxious-Jharia-coal-town.html

Park Kil-Dong (n.d.) *Cheonggyecheon Restoration Project*, Korea: Seoul Metropolitan Government, http://www.wfeo.org/

Pasig River Rehabilitation Commission (2012) *Pasig River Rehabilitation Commission*, http://www.prrc.gov.ph/

Philippine Green Movement (2009, 13 March) Philippines Environmental Issues: How did the Pasig River get polluted? *Philippines Green Movement*: Environmentalism in the Philippines, http://www.thegreentheory.com/philippines-environmental-issues-how-did-the-pasig-river-get-polluted

Pohl, EB (2009, 31 August) Masdar Sustainable City/LAVA, *ArchDaily*, http://www.archdaily.com/33587/masdar-sustainable-city-lava/

Preston, B and R Jones (2006) *Climate Change Impacts on Australia and the Benefits of Early Action to Reduce Global Greenhouse Gas Emissions*, A Consultancy Report for the Australian Business Roundtable on Climate Change, Canberra, Australian Capital Territory: CSIRO.

PRLog (2010, 29 December) Xianyang Geothermal Field — Shaanxi, *PRLog*, http://www.prlog.org/11182732-xianyang-geothermal-field-shaanxi.html

Proconservation (2010) Kampung Kali Chode, We Conserve, You Conserve, http://proconservation.blogspot.com.au/2010/01/kampung-kali-chode-yogyakarta-indonesia.html

Property Wire (2009, 27 April) Carbon Neutral Development a First for Central Asia, *Property Wire*, http://www.propertywire.com/news/asia/carbon-neutral-development-asia-200904273009.html

Public Utilities Board (2010) *Public Utilities Board*, Singapore: Singapore Government, http://www.pub.gov.sg/

Public Utilities Board (2012) *NEWater*, Singapore: Singapore Government, http://www.pub.gov.sg/water/newater/Pages/default.aspx

Puerto Princesa City (2010) *Puerto Princesa City*, http://puertoprincesacity.net/index.html

Puig, J (2005) Energy Efficient Cities: Political Will, Capacity Building and Peoples' Participation. The Barcelona Solar Ordinance: A Case Study about How the Impossible Became Reality. In P Droege (Ed) *Urban Energy Transition*, New York: Elsevier.

Purohit, P and A Michaelowa (2007) Potential of Wind Power Projects under the Clean Development Mechanism in India, *Carbon Balance and Management* 2(8), http://www.cbmjournal.com/content/2/1/8

Putnam, R (1993) *Making Democracy Work: Civic Traditions of Modern Italy*, Princeton, NJ: Princeton Architectural Press.

Rahman, A (1999) *Women and Micro-credit in Bangladesh*, United States of America: West View Press.

Renewable Power News (2009, 5 November) Taiwan Proud Owner of Largest Solar Powered Stadium, *Renewable Power News*, http://www.renewablepowernews.com/archives/291

Republic of China (Taiwan) (2010) *Renewable Energy*, Republic of China (Taiwan), Government Information Office, Republic of China (Taiwan), http://www.taiwan.gov.tw/mp.asp?mp=999

Reuters and D Gray (2010) A Monument, Which Reads: "Home of Rare Earths Welcomes You", Stands in a Field of Wind Turbines Near the Town Of Damao in China's Inner Mongolia Autonomous Region, October 31, 2010, *Reuters*, http://www.reuters.com/

Revkin, A (2008, 5 February) Car-Free, Solar City in Gulf Could Set a New Standard for Green Design, *The New York Times*.

RIBA Journal (2009) China Blueprint, *RIBA Journal*, http://www.ribajournal.com/index.php/feature/article/china_blueprint_AUGSEPT09/

Roberts, B and T Kanaley (Eds) (2006) Urbanization and Sustainability in Asia: Case Studies of Good Practice, *Asian Development Bank*, http://www.adb.org/Documents/Books/Urbanization-Sustainability/urbanization-sustainability.pdf

Rosencranz, A and M Jackson (2002) Clean Air Initiative for Asian Cities, The Delhi Pollution Case, New Delhi, http://www.indlaw.com/

Rubin, J (2009) *Why Your World is About to Get a Whole Lot Smaller: Oil and Globalisation*, New York: Random House.

Saieh, N (2009, 8 June) Tulou Housing Guangzhou/URBANUS Architects by Iwan Baan, *Archdaily*, http://www.archdaily.com/24210/tulou-housing-guangzhou-urbanus-architects-by-iwan-baan/

Saieh, N (2010, 13 October) The Green School/PT Bambu, *ArchDaily*, http://www.archdaily.com/81585/the-green-school-pt-bambu/

Sanyo (2012) Solar Ark Gallery, *Sanyo Electric Co.*, Ltd., Panasonic, http://sanyo.com/solarark/en/about/

Sawin, JL and K Hughes (2007) Energizing Cities, *State of the World, 2007*, Washington, DC: Worldwatch Institute, pp. 90–107.

Scheurer, J (2003) *Urban Ecology, Innovations in Housing Policy and the Future of Cities: Towards Sustainability in Neighbourhood Communities* (PhD Thesis), Institute for Sustainability and Technology Policy, Perth: Murdoch University.

Scheurer, J and P Newman (2008) *Vauban: A Case Study in Public Community Partnerships*, Case Study for United Nations Global Review of Human Settlements, http://www.sustainability.curtin.edu.au

Schuiten, L (n.d.) *Luc Schuiten — Atelier d'Archictecture Schuiten*, Vegetal City, http://vegetalcity.net/

Seagate (2008) Sakai City Waterfront Mega Solar Power Generation Plan, *Flicker*, http://www.flickr.com/photos/seagate/2620760470/in/photostream/

Seoul Metropolitan Government (2011) Destinations: Cheonggyecheon (Stream), *Seoul Metropolitan Government*, http://english.seoul.go.kr/cav/att/chenggye.php

South East Queensland Healthy Waterways Partnership (2010) 'What is Water Sensitive Urban Design?', *Water By Design*, http://waterbydesign.com.au/whatiswsud/

Setiawati, I (2010, 3 June) City to Start Building Sewage Tunnel System in 2011, *The Jakarta Post*, http://www.thejakartapost.com/news/2010/03/06/city-start-building-sewage-tunnel-system-2011.html

Shanghai Shentong Metro Group Co., Ltd (2010) Shanghai Metro, http://www.shmetro.com/

Sharp (2008, 23 June) Press Release, Sakai City, *Sharp*, http://sharp-world.com/corporate/news/080623_2.html/

Singapore Government (n.d.) *From Garden City to City in a Garden*, Singapore: Singapore Government.

Singh, T (2011, 29 March) Masdar City: A Carbon-neutral Metropolis, *MENA Infrastructure*, http://www.menainfra.com/news/masdar-city-carbon-neutral-/

Sino-Singapore Tianjin Eco-City (n.d.) *Sino-Singapore Tianjin Eco-City*, Singapore: Singapore Government, http://www.tianjinecocity.gov.sg

Sirolli, E (1999) *Ripples from the Zambezi: Passion, Entrepreneurship, and the Rebirth of Local Economies*, Gabriola Island, BC: New Society Publishers. See also http://www.sirolli.com/

Six Battery Road (2011) *Six Battery Road*, Capita Commercial Trust Management, http://www.sixbatteryroad.com/

Sobo, D and Z Hoberg (2010) Report Paper on Sustainable Living in Auroville, India, *Auroville*, http://www.auroville.org/research/AV_Sustainability_Study_ Project_by_Visiting_Students.pdf

Solar Energy Demystified (2010, 8 March) Solar Steam Cooking System at Tirumala, *Solar Energy Demystified*, http://solarenergydemystified.wordpress.com/2010/ 03/08/solar-steam-cooking-system-at-tirumala/

Solar Power — PV Panels (2012) Japan's Solar Powered City, *Solar Power — PV Panels*, http://solarpowerpanels.ws/solar-power/japans-solar-powered-city

Songdo IBD (2012) *Song do IBD*, Gale International, http://www.songdo.com/ songdo-international-business-district/why-songdo

South Fremantle Senior High School (2012) *South Fremantle Senior High School*, http://www.skyline-creations.com/schools/sfshs/html/our_school.html

Southeast Asia Building (2011) An Unexpected 'Hanging Garden' in the CBD, *Southeast Asia Building* September/October (2011): 51–55.

Standing Advisory Committee on Trunk Road Assessment (1994) *Trunk Roads and the Generation of Traffic*, London: Department of Transport.

Stanton, C (2011, 11 October) Masdar City Overhaul Cuts $3.3 Billion from Costs, *The National*, http://www.thenational.ae/business/energy/masdar-city-overhaul-cuts-3-3bn-from-costs

Starrs, T (2005) The SUV in Our Pantry, *Solar Today*, http://www.sustainable business.com/index.cfm/go/news.feature/id/1275

Stein A (2009, 17 July) Urban Waterways: Seoul Peels back the Pavement and Reveals a River, *The TerraPass Footprint*, http://www.terrapass.com/blog/ posts/seouls-river

Suniva Inc. (2010) Rooftop of India's First Eco-Friendly Stadium, 1MW+, New Delhi, Powered by Suniva, *Flicker*, http://www.flickr.com/photos/suniva_ solar/4798588467/

Sustainable Cities (2011) Seoul: Life beneath the Asphalt, *Sustainable Cities*, Danish Architecture Center, http://sustainablecities.dk/en/city-projects/ cases/seoul-life-beneath-the-asphalt.

Sustainable Cities (n.d.) Rizhao: Mainstreaming Solar Energy on City Level, *Sustainable Cities*, Danish Architecture Centre, http://sustainablecities.dk/en/city-projects/cases/rizhao-mainstreaming-solar-energy-on-city-level

SWITCH Asia Programme (2011) *Building Energy Autonomous Resorts Creating Appropriate Technology Solutions*, UNEP/Wuppertal Institute Collaborating Centre on Sustainable Consumption and Production, http://www.switch-asia.eu/switch-projects/project-progress/projects-on-improving-production/ zero-carbon-resorts.html

Taiwan Sustainable Cities (2011) Kaohsiung: Taiwan's Eco-City Leader? *Taiwan Sustainable Cities*, http://taiwansustainablecities.blogspot.com/2011/01/ kaohsiung-taiwans-eco-city-leader.html/

Tan, R (2012a) *Wild Shores*, http://wildshores.blogspot.com.au/

Tan, R (2012b) *Wild Singapore*, http://www.wildsingapore.com/index.html

Tay, E (2010, 20 March) Singapore to Become a Smart Energy Economy, *Lowcarbonsg*, Green Future Solutions, http://www.lowcarbonsg.com/category/issues-and-policies/

Tay, E (2011, 19 January) Singapore's Second National Communication on Climate Change Report to the UNFCCC Secretariat, *Lowcarbonsg*, Green Future Solutions, http://www.lowcarbonsg.com/2011/01/19/singapores-second-national-communication-on-climate-change-report-to-the-unfccc-secretariat/

TCRP (2003) *Bus Rapid Transit — Volume 2: Implementation Guidelines*, Report 90, TCRP.

The Aga Khan Award for Architecture (n.d.) *Grameen Bank Housing Programme*, http://www.akdn.org/architecture/pdf/1066_Ban.pdf

The Star (2009, 24 January) *The Star*, http://biz.thestar.com.my/archives/2009/1/24/business/bw_p26ZEO.jpg

Thomas, J (2008, 10 May) Korean Village Runs on 100% Solar Power, *Metaefficient*, http://www.metaefficient.com/renewable-power/korean-village-runs-on-100-solar-power.html

Trekthailand (n.d.) National Parks in Myanmar (Burma), Hlawaga park — Yangon, *Trekthailand*, http://www.trekthailand.net/myanmar/parks/hlawaga/

United Nations and Asian Development Bank (2012) *Green Growth, Resources and Resilience: Environmental Sustainability in Asia and the Pacific*, ST/ESCAP/2600, RPT124260, Bangkok: United Nations and Asian Development Bank Publication.

United Nations, Bureau International des Exhibitions and Municipal Government of Shanghai (2011) *Shanghai Manual: A guide for Sustainable Urban Development of the 21st Century. Better City, Better Life*, United Nations, Bureau International des Exhibitions and Municipal Government of Shanghai, http://www.un.org/esa/dsd/susdevtopics/sdt_humasett_capacitybuildings.html

United Nations Development Programme (UNDP) (2010) *Country Summary Report: Bangladesh Project for Increasing Stakeholder Utilization of GAR 11 Preparation Study for Asia*, Practical Action for UNISDR February 2010, United Nations Development Programme, http://www.undp.org.bd/info/pub.php

United Nations Environment Programme (UNEP) (2010) *Overview of The Republic of Korea's National Strategy for Green Growth*, April 2010, United Nations: United Nations Environment Programme, http://www.unep.org/PDF/Press Releases/201004_unep_national_strategy.pdf

United Nations Environment Programme (UNEP) (2012) *Convention on Biological Diversity*, United Nations Environment Programme, http://www.cbd.int/

United Nations Environment Programme and Bloomberg New Energy Finance (2011) *Global Trends in Renewable Energy Investment 2011: Analysis of Trends and Issues in the Financing of Renewable Energy*, http://www.newenergyfinance.com/

United Nations Framework Convention on Climate Change (UNFCCC) (2006) *Clean Development Mechanism Project Design Form*, Version 3, Clean Development Mechanism, http://cdm.unfccc.int/

United Nations Framework Convention on Climate Change (UNFCCC) (2007) Surat Thani Biomass Power Generation Project in Thailand, *Clean Development Mechanism Project Design Form*, Version 3, Clean Development Mechanism.

United Nations Human Settlements Programme (UN-Habitat) (2009) *United Nations Review of Human Settlements*, Chapter 6 Integrating the Green and Brown Agendas, Nairobi, Kenya: UN Habitat.

United Nations Human Settlements Programme (UN-Habitat) (2012) Urban Patterns for a Green Economy: Working with Nature, http://www.unhabitat.org.

Urban Transportation Monitor (1999) Summary Information from Texas Transportation Institute Annual Mobility Report, *Urban Transportation Monitor* 13(22), Burke, Virginia: Lawley Publications.

Urbane Community (2010) *One Village One Playground Report*, Urbane Community.

Verkís (n.d.) Xianyang Geothermal District Heating — China, *Verkís*, http://www.verkis.com/projects/energy/geothermal/nr/1420

Vidal, J (2006, 1 November) Heart and Soul of the City, *The Guardian*, http://www.guardian.co.uk/environment/2006/nov/01/society.travelsenvironmentalimpact

Virtualtourist (n.d.) *Virtual tourist*, http://www.virtualtourist.com/

Wang, EE (2009, 26 October) Singapore's First "Zero Energy Building" Launched, *Wild Singapore*, http://wildsingaporenews.blogspot.com/2009/10/singapores-first-zero-energy-building.html

Waste Management and Recycling Association of Singapore (2001) *Waste Management and Recycling Association of Singapore, Market Survey*, Singapore: Waste Management and Recycling Association of Singapore.

Waste Management World (2011) Semakau Landfill, *Waste Management World*, http://www.waste-management-world.com/index/display/article-display/356697/articles/waste-management-world/landfill/2009/03/semakau-landfill.html

Waypoints (2007) *Bangui Windmills*, http://www.waypoints.ph/detail_gen.php?wpt=windf1

Webster, A (2012, 17 January) Chinese Aims to Cut Carbon Intensity by 45%, Good Clean Tech, http://goodcleantech.pcmag.com/none/292932-chinese-aims-to-cut-carbon-intensity-by-45

Went, A, W James and P Newman (2008) *Renewable Transport: Integrating Electric Vehicles, Smart Grids and Renewable Energy*, CUSP Discussion Paper, Curtin University Sustainability Policy Institute, Fremantle, http://sustainability.curtin.edu.au/local/docs/cusp_discussion_paper.pdf

Williams, J (2012) *Zero Carbon Homes: A Road Map*, Oxon: Earthscan.

Wilson, EO (1984) *Biophilia*, Cambridge, MA: Harvard University Press.

World Architecture Community (2012) *World Architecture Community*, http://www.worldarchitecture.org

World Bank (2008, August) *The World Bank in Thailand Newsletter*, World Bank.

World Bank (2012) *The World Bank*, The World Bank Group, http://www.worldbank.org/

World Future Council (n.d.) Sustainable Cities Case Study Rizhao, *Area: Africa Renewable Energy Alliance*, http://www.area-net.org/fileadmin/user_upload/AREA/AREA_downloads/Policies_SolarWaterHeater/WFC_Case-Study_China-Rizhao.pdf/

World Health Organisation (2011) Indoor Air Pollution and Health, Fact Sheet No 292, September 2011, http://www.who.int/mediacentre/factsheets/fs292/en/

World of Renewables (2010, 17 February) Puerto Princesa, PhilBio Groundbreak Waste-to-energy Project, *World of Renewables*, http://www.worldofrenewables.com/renewables_news/wastetoenergy/puerto_princesa_philbio_groundbreak_waste-to-energy_project.html

World Wind Energy Association (2006) Wind Farms around the World, *World Wind Energy Association*, http://www.wwindea.org/home/index.php?option=com_content&task=view&id=83&Itemid=2

Xi, F, Y Geng, X Chen, Y Zhang, X Wang, B Xue, H Dong, Z Liu, W Ren, T Fujita and Q Zhu (2011) Contributing to Local Policy Making on GHG Emission Reduction through Inventorying and Attribution: A Case Study of Shenyang, China, *Energy Policy* 39: 5999–6010.

Xin, D (2008, 17 November) Blueprint of Railways Development, *China Daily*.

Xu, X (2010, 18 January) From Solar Dreams to an Energetic Reality, *China Daily*, http://www.chinadaily.com.cn/cndy/2011-01/18/content_11870429.htm

Yanlord Land Group, Sembcorp Industries and Sembcorp Parks Management (2009, 25 May) *Singapore Consortium to Lead Development of Nanjing City's Largest Foreign Collaborative Project 'Sino-Singapore Nanjing Eco High-Tech Island'*, Press Release, Yanlord Land Group Limited, Sembcorp Industries Ltd and Sembcorp Parks Management Pte Ltd, http://www.finanznachrichten.de/pdf/20090525_124549_Z25_20ABBBFEDDE03CAB482575C10015426C.2.pdf

Yok, TP and A Sia (2008) *A Selection of Plants for Green Roofs in Singapore* (2nd Ed), Singapore: Centre for Urban Greenery and Ecology, National Parks Board.

Yok, TP, B Yeo, YW Xi and LH Seong (2009) *Carbon Storage and Sequestration by Urban Trees in Singapore*, Singapore: Centre for Urban Greenery and Ecology, National Parks Board.

Yoneda, Y (2011, 15 August) The World's Largest Solar Energy Office Building Shines in China, *Inhabitat*, http://inhabitat.com/worlds-largest-solar-energy-office-building-opens-in-china/

Young, S (2012) Building the Architecture for Green Growth, *Making It: Industry for Development*, 9, United Nations Industrial Development Organization (UNIDO),http://www.makingitmagazine.net/?p=4510

Zudianto, H and D Parikesit (n.d.) *Promoting Livable City: Integrating local/global environmental concerns and local development challenges*, http://www.pustral-ugm.org